天下文化
BELIEVE IN READING

北醫營養權威量身打造

我的餐盤

臺北醫學大學保健營養學系團隊——合著

CONTENTS

序
食德飲和 健康人生

臺北醫學大學校長 林建煌

　　「吃得健康，吃出營養」，這本書是臺北醫學大學保健營養學系迎接 40 年生日送給國人最好的獻禮。

　　《我的餐盤　北醫營養權威量身打造》，是北醫保健營養學系的專家學者們累積數十年的經驗，結合飲食營養與健康，設計簡單、易懂實用的菜單，從個人、家庭乃至外食族，都能輕鬆汲取內容精華，掌握正確的飲食之道。

　　事實上，近年來國人都努力追求健康養生之道，「健康就是財富」大家琅琅上口，但是美中不足的是許多民眾在滿足口腹之慾時，卻忽略營養保健的知識與專業。尤其在緊張忙碌的工作與壓力下，無論在家或外食，忽略營養均衡，因此影響健康與生活。

　　臺北醫學大學保健營養學系就肩負起為國人飲食營養保健的教育與把關重責大任。保健營養學系係以「人生之計在保養，保養之計在營養」為教育宗旨，自 1979 年成立迄今已滿 40 週年，風華正盛，許多校友在醫療及營養領域發光發熱，形成一股不可忽視的力量。

　　臺北醫學大學在食品營養與保健教學卓然有成，於 2016 年 8 月成立台灣第一所營養學院，並與美國俄亥俄州立大學、日本東北大學、北海道大學等國際多所知名大學締結姊妹校，促進國際交流，提升台灣的營養保健教學研究水準。

　　為了這本書，保健營養學系的教授群使出渾身解數，設計名師菜

單，從六大類食物的營養角度出發，最後回歸到日常生活的實踐，深入淺出，並針對人生各個階段的不同熱量需求，開出食譜，讓不同餐盤適用不同族群。

此外，要特別一提的是這幾年來，國內食安問題層出不窮，如何確保國人吃的營養、食的安心，成為重要議題。因此，臺北醫學大學分別於 2016 年及 2017 年於營養學院設立食品安全碩士學位學程及食品安全學系，培育兼具食品安全與風險分析管理專業人才，同時設立食品檢驗分析的精密實驗室，針對各項食品進行成分化驗檢測，為國人食品安全嚴格把關，獲得良好成效，也開啟台灣將食品安全納入大學教育體系，深受社會各界肯定。

臺北醫學大學即將在 2020 年迎接創校 60 週年，60 年來，保健營養學系與北醫一起走過三分之二的輝煌歲月，保健營養學系過去 40 年來，努力培育台灣優秀傑出的營養保健人才，維護國人健康，大幅提升生活品質，迎接未來的新時代，讓過去所累積的能量與底蘊，充分發揮展現實力。在此，本人要祝福北醫營養學院保健營養學系不斷精進，繼續為台灣民眾的健康盡最大努力。

期望透過本書，能讓大家了解如何吃的營養，吃的健康，在享受美食的同時，也能擁抱健康！

序
刻畫一場圓滿人生

臺北醫學大學名譽教授　謝明哲

　　來到北醫，一晃眼就過了 40 年！這些日子看似瞬間，又似永恆，而瞬間與永恆，兩種截然不同的時間觀，都能表達出我對於北醫工作的喜愛、執著與堅持。

　　回憶這份沈浸在教學、研究、輔導、服務的幸福工作，內心浮現許多舊日光景。

　　早在 1979 年，正是北醫資源極度匱乏之際，當時，臺北醫學院的謝孟雄院長考量一所完整的醫院，除了有醫師、藥師、護理師以及醫檢師等醫事人員之外，應該還有照護病人療養飲食的營養師，因而創設了「保健營養學系」，也讓我有幸能擔任擘劃系務的工作。

　　草創之初，首屆招生 50 名，系辦公室只在現今的醫技大樓一隅，是個不到兩坪大的辦公室。經過老師、同仁、學生與校友一起打拼奮鬥，保健營養學系一路發展、起飛，而趨於完整──從 1979 年開始的學士班、1995 年開設碩士班、 2000 年開設在職專班，並於 2002 年增設博士班。

　　我常說：「人生之計在保健，保健之計在營養！」而保健營養學系的目標，就是培育出優秀的營養師，針對不同的生命週期，協助民眾建立均衡飲食的概念，並協助病人利用膳食療養，早日獲得健康。

　　讓我最感到驕傲的是，北醫保健營養學系擁有堅強的師資陣容，我們網羅了國內、外名校畢業的菁英人才，也邀請學有專精的傑出校友返校，除了教學陣容扎實，學術研究亦成績斐然，包括研究癌症的預防、糖尿病、腎臟病、心臟病的飲食治療研究，以及大規模的營養調查……

等，皆有十分傑出的成就。

　　在培育人才上，保健營養學系制定豐富的課程，奠定出學生扎實的營養知識，就連醫學系必修的解剖學、病理學、組織學、生理學、生物化學等課程，也是本系必修，目的就是希望幫助學生未來在臨床上，能更深入了解人體器官與各種的代謝機制。

　　除此之外，臺北醫學大學擁有豐富的共享教學資源，像是解剖學是由醫學院師資傳授，還可利用專業的解剖教室，幫助學生能進一步地融會貫通。在臨床見習上，還可就近到臺北醫學大學附設醫院、萬芳醫院、雙和醫院實習，增加學生的理論與實務能力。讓人欣慰的是，北醫保健營養學系除了大學錄取成績連年同質科系穩居第一外，歷年國家營養師考試錄取率也常是全國最高。

　　對我而言，能夠得天下英才而教之是人生一大樂事，看到許多青出於藍而勝於藍的校友成就，更讓我感到莫大的安慰與成就感。

　　回想保健營養學系的設立宗旨，就是要培育出營養與保健相關領域的專業人才，希望以營養與保健方面的知識，幫助民眾了解飲食的重要性，同時學會關照自己的身體健康。如同我最常告訴學生的話：「人生的道路，你需要有很好的身體，有健康才有奮鬥的本錢，有健康才有希望，健康雖然不是一切，但是沒有健康就沒有一切！」

　　而這本書的企劃及製作，也正是秉持著這樣的初衷本心，希望透過專業知識，引領讀者從認識營養的知識，到具體實踐在日常生活中，成為迎向健康人生的穩固基礎。

　　時光荏苒，雖然退休已屆 10 年，但我仍舊返校授課、四處演講。感謝學校與社會賜予我寬廣的舞台，讓我能推廣「營養與保健」的理想與理念。未來的漫漫人生，我會繼續堅持，與大家一同努力，刻畫圓滿人生！

序
40 年的保健與營養

臺北醫學大學保健營養系系主任 謝榮鴻

　　各位一定好奇，這麼引人垂涎的營養書《我的餐盤　北醫營養權威量身打造》是如何完成的，講究學理及研究的專家們真能兼顧營養與美味嗎？確實如封面所題示的，本書是臺北醫學大學保健營養系專家團隊40年的精華。在推廣「人生之計在保健，保健之計在營養」的理念上，我們希望藉著本書的出版，避免健康飲食的觀念只在於口頭上的傳播，而能落實於日常生活的實際執行。

　　本書特別選出六個人生發展的重要生命時期：成長的青春期如何長得高、體態好；成年期追求健康、運動健身及體重控制時的營養搭配；孕育生命的孕產期，如何兼顧媽媽、寶寶的健康；展現風華的銀髮期，如何保持良好的身體機能。然後，由教授專家就專業知識導引説明，也邀請臨床營養師群依據實際需求設計食譜，而後由保健營養系大學部學生依據食譜進行食材購買、處理及烹煮，兼顧了各生命期的營養均衡需求、美味可口及輕鬆製備的特點。

　　北醫保健營養系自1979年創系以來，已屆40年，畢業校友超過4千人，是個具有優良傳承而歷史悠久的學系。它孕育了許多營養專業人才，包括臨床營養、營養教育、營養研究及團體膳食專業人員；照護各種疾病病患的營養需求，維持身體基本機能、延緩病程發展；幫助健康恢復；亦將營養知識及飲食衛生推廣普及於民眾。

　　保健營養系從創系謝明哲教授時期，著重「臨床營養」的人才培育，

以因應疾病所需的營養治療，逐漸擴及疾病預防、自我健康維護所需的「社區營養」及「個人精準營養」領域，本人有幸參與也見證了食物、營養知識、推廣及應用，近 40 年來的發展，希望營養的軌跡能在本書呈現。本書除了精心設計各大生命期所需專業且實用的營養食譜外，也記錄了食物、營養價值及飲食習慣的演變，說明了 40 年來北醫保健營養系師生及畢業校友們在營養領域的參與及貢獻。

本書避免了生硬的「疾病營養」描述，而以大眾樂於接受的方式設計營養食譜，也選擇了食譜中出現的食材，邀請超過 40 位營養專家們，一起說明並見證食物及營養價值的演變。諸如食材中的地瓜葉，由餵豬到提供豐富纖維素的家常食材；地瓜由日據時期貧苦代表的「地瓜簽」演變為民眾喜歡的養生食材。另外，柿餅、甘蔗、青花菜、紅藜、虱目魚、優格、苦茶油……數十種食材也一一呈現。

期盼讀者們在閱讀本書時，與北醫的營養專家們一同穿越時空，悠游於台灣營養的領域，實際運用食譜，落實「人生之計在保健，保健之計在營養」的最高養生之道。

值此保健營養系 40 週年慶，祝福本書每位讀者擁抱營養、保持健康、遠離疾病。

前言
均衡飲食邁向全民健康

綜觀一個人從出生至死亡，會經歷一連串不同的生命週期，每個生命期都有不一樣的成長特性、營養需求與健康問題，雖然人體在不同階段所需的營養素大致相同，但需要的量卻會隨著年齡與活動量的不同而產生差異。因此，如何針對不同生命期提供適當的營養，實在是一門學問。

事實上，每個人的免疫力與體質，都受到營養的影響。俗話說：「飲食沒有節日，日日都重要！」每個人的健康，必須靠自己照顧，並透過適當的營養、修養與保養，三管齊下，才能邁向健康生活。

現代人經常攝取過多的動物性食品，無形中吃下過多的動物性脂肪；而且偏好內臟與海鮮類食品，也會導致過量的膽固醇攝取。此外，飲食過於精緻、纖維質攝取不足、加糖飲料氾濫、食品過度加工、不當的調理方式……，都可能造成營養不均，進而產生「亞健康」的狀況。

所謂的「亞健康」，最明顯的感受就是沒有食慾、容易疲勞、體力不佳、嗜睡、失眠，甚至有莫名痠痛、注意力不集中、身體不適等，久而久之，可能導致生化代謝異常，產生臨床症狀，伴隨而來的就是各種心血管、三高、痛風等慢性疾病。

為了避免走向疾病之路，我們必須從「吃得健康、吃得對」做起，而最好的方法，就是「均衡」二字。

除了日常飲食要多種類、多變化之外，還要均衡攝取六大類

食物，並針對不同生命階段，都能適時補充需要的營養素或是其他機能性食品，才能讓我們順利而健康地邁過每一個階段。

值得注意的是，壓力與運動不足也是促成疾病的原因之一，因此，增進健康的醫學，就是要做到「三養」照護——注重營養的養身生活，重視保養的保身生活，以及重視修養的修身生活。

只要擁有正確的飲食觀念，即使經常外食也不用擔心。

一般而言，自助餐可說是外食時的好選擇。首先，建議在取餐前，可在腦海裡有一個分區的概念：先選擇蛋白質，選擇順序為豆製品、魚、蛋、肉類；再挑選半葷半素的菜餚，例如雪菜炒肉絲、芹菜炒花枝等；而蔬菜類可選擇較深色的蔬菜，例如：深綠、橘色、紅色、紫色等含有許多維生素、礦物質和植化素的「彩虹蔬菜」；米飯也不可偏廢，若有糙米與五穀米更佳，因為穀類可以當熱量消耗，對蛋白質有節省作用。整體來說，每一餐都必須注意飲食的均衡性與多樣化。

上班族經常聚餐，而火鍋正是大家鍾愛的用餐選擇，吃火鍋應少選加工品，替換成新鮮食物如肉類、海鮮與蔬菜，如此才能避免攝取過多色素、漂白物、抗氧化物與食品添加物等，也就是儘量選擇「食物」而非「食品」，選擇粗食而非精緻食物的概念。

此外，平日也應預防食品的潛在危機，注意食品衛生安全，避免攝取含有硼砂與過量硝的食物，少吃油炸、燒烤、醃漬、煙燻的食物。

在本書中，為了讓讀者對於不同生命期的營養需求有更清楚的概念，特別針對青春期、成人期、減重期、運動期、懷孕期與高齡者營養做出專篇介紹，並設計出一系列值得民眾參考與學習的菜餚，詳讀本書，相信不但可以建立完善的營養概念，也幫助更多想要追求健康的民眾，一同邁向幸福人生。

如何使用本書　Part 1

依據每日飲食指南，建立好概念

　　如何吃得對？有別於過去常見的「金字塔」型飲食建議，早在民國 100 年，台灣就自創「每日飲食指南」扇形圖，其圖像意涵的主軸包括：均衡攝取六大類食物，勤踩腳踏車代表多運動，輪胎中的水字則代表多補充水分的健康概念。

　　根據 107 年國健署所修訂的最新版「每日飲食指南」，是以預防營養素缺乏為目標，同時參考最新流行病學的研究成果，把降低心臟血管代謝疾病和癌症風險的飲食原則列入考量。

　　透過實證營養學，並試算多種飲食組成後，「每日飲食指南」提出適合多數國人的飲食建議，亦即以合適的三大營養素比例──蛋白質佔 10%～ 20%、脂質佔 20%～ 30%、醣類佔 50%～ 60% 來攝取。

　　而新版「每日飲食指南」，是將食物分為全穀雜糧類、豆魚蛋肉類、乳品類、蔬菜類、水果類、油脂與堅果種子類，並教導民眾瞭解自己每日活動所需熱量後，換算每日適當的六大類食物攝取份數。本書邀請到專業營養師設計的餐盤食譜中，即貼心的標示營養素和熱量比例，以及六大類食物的份數，提供大家參考使用。

　　以全穀雜糧類來說，除了穀類之外，還包含根莖類，例如番薯、芋頭、蓮藕等，至於蘿蔔、洋蔥、薑等食材雖是根莖類，卻不屬全穀雜糧類，而是屬於蔬菜類。另外，像是富含澱粉的紅豆、綠豆、皇帝豆、栗子、菱角等，也是屬於此類。

　　由於國人的鉀和鈣攝取量普遍不足，因此，在選擇全穀雜糧類時，建議三分之一的量應為未精緻的全穀類，藉以增加礦物質來源。

　　此外，豆魚蛋肉類也有攝取順序上的建議。根據研究顯示，攝取蛋對血液中膽固醇濃度和心血管疾病的風險，較不具相關

懷孕哺乳時的每日飲食建議

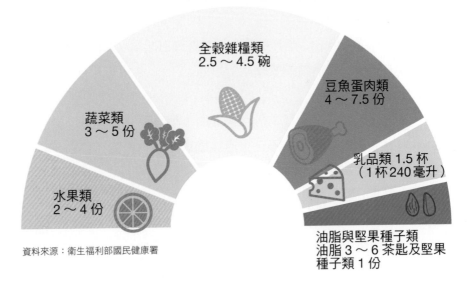

全穀雜糧類
2.5～4.5 碗

豆魚蛋肉類
4～7.5 份

蔬菜類
3～5 份

乳品類 1.5 杯
（1 杯240毫升）

水果類
2～4 份

油脂與堅果種子類
油脂 3～6 茶匙及堅果
種子類 1 份

資料來源：衛生福利部國民健康署

性，加上營養豐富，對於長者或是吃蛋奶素的國人都十分有益，建議攝取蛋白質類食物時，優先選擇豆製品、魚類、海鮮及蛋。

熟悉「我的餐盤」，邁向均衡飲食生活

回歸飲食面，要如何吃才能落實營養均衡的概念？

不妨參考國健署所提出「我的餐盤」圖像概念，將全穀雜糧、豆魚蛋肉、蔬菜、水果、乳品及堅果種子，依照每日應攝取的份量轉換成體積，再以餐盤的圖像表現出各類的比例。

由於烹調時「油脂類」會添加於菜餚中，因此不在餐盤中呈現，其他五類食物則藉由簡單圖示及口訣，讓民眾一目了然，清楚瞭解各大類應該攝取的份量。

每天早晚 1 杯奶

早晚各喝 1 杯 240 毫升的乳品，或是改以起司、無糖優酪乳、優格等方式增加乳品類的攝取。

每餐水果拳頭大

簡單的記憶方法就是 1 份水果大約 1 個拳頭大，切塊水果約大半碗至 1 碗為 1 份，每天至少應該攝取 2 份，並選擇當季、在地、且多樣化水果。

菜比水果多一點

青菜的攝取量要比水果多一點，其中，深色蔬菜（例如：深綠色、紅橙色、紫色等）必須高達三分之一的量以上。

飯跟蔬菜一樣多

飯量應該盡量選擇「原態」的全穀雜糧類，或至少有三分之一是未精緻的全穀雜糧類，且份量應該與蔬菜量相同。

豆魚蛋肉 1 掌心

每餐選擇的蛋白質食物大約一掌心大小，換算大約是 1.5 份到 2 份的份量，且建議選擇上的優先順序為：豆類、魚類與海鮮、蛋類、禽肉、畜肉，且應避免加工品。

堅果類 1 茶匙

一份堅果類大約一湯匙量（1 湯匙＝ 3 茶匙），可以在下午茶時間當作小點心，或是分配於三餐，每餐一茶匙。

如何使用本書　Part 2

版面說明

餐期
推薦用餐時段，其中午、晚餐料理更可視
個人喜好，計算好營養成分後，任意組合。

晚餐

海鮮義大利麵佐烤蔬菜套餐

海鮮義大利麵
綜合烤蔬菜，櫻桃

料理名稱
每道料理名稱，讓人對
菜色一目了然。

料理圖
呈現菜餚應有的外觀，
作為烹調時的標準。

食材與調味料
分量均為 1 人份，若要製作 2 人份，
只要準備 2 倍食材，以此類推。

海鮮義大利麵

食材／
義大利麵	60公克
蛤蜊（大）	250公克（約6個）
草蝦仁	30公克
花枝片	65公克
九層塔葉	20公克
橄欖油	3茶匙

調味料／
鹽	適量
大蒜	1瓣
乾辣椒	1支
白酒	1大匙

做法／
1. 鍋中倒入適量的水，煮至滾開，先加入2大匙鹽，放入義大利麵，大火煮10～12分鐘，撈起瀝乾備用。
2. 大蒜去皮切片、乾辣椒切段、九層塔葉洗淨切絲，備用。
3. 蛤蜊吐沙、蝦仁、花枝洗淨切片，備用。
4. 起油鍋，放入橄欖油，小火爆香蒜片，放入蝦仁、花枝，炒熟盛起。放入蛤蜊淋上白酒，蓋上鍋蓋煮到蛤蜊打開，盛出備用。
5. 將煮熟的義大利麵放到油鍋續炒，取1湯勺義大利麵湯加入炒鍋中，放入蝦仁、花枝片及蛤蜊拌炒均勻，加入九層塔即可起鍋。

綜合烤蔬菜

食材／
綠櫛瓜	70公克
黃櫛瓜	70公克
紅椒	60公克

調味料／
鹽	少許
橄欖油	適量
黑胡椒	少許

做法／
1. 櫛瓜、紅椒洗淨，切成0.8～1公分厚度的片狀。
2. 舖在烤盤上，灑少許鹽，淋上橄欖油，放入170度預熱的烤箱中，烤10分鐘即可。

使用餐盤

| 1 | 2 |
| 3 | |

做法
按照烹飪順序說明，包含事前準備、放置時間等，清楚呈現使用分量及烹調方式。

營養成分分析
呈現本份食譜所具備的各種營養成分及熱量，方便讀者管理自己的健康。

營養成分分析　熱量／612大卡‧蛋白質／29公克‧脂肪／24公克‧醣類／70公克
六大類食物份數　全穀雜糧類3份/豆魚蛋肉類3份/蔬菜類2份/水果類1份/油脂與堅果種子類3份

六大類食物份數
該餐盤所含六大類食物分量說明。

使用餐盤
以餐盤尺寸裝盛建議使用分量。

如何使用本書 Part 3

餐盤尺寸

本書食譜使用餐具,以一人份的各型碗、盤及三格盤為主,以下標示出尺寸,幫助大家掌握每個餐盤的食物量。

長方形盤

1 20cm(W)x10cm(H)x1.5cm(D)

砂鍋碗

2 19cm(D)x5cm(D)

方形碗

3 11cm(W)x11cm(H)x4.5cm(D)

橢圓盤

4 (大)18cm(W)x13cm(H)x4公分(D)
5 (小) 14.5cm(L)x10.5cm(W)x3.5cm(D)
6 (長深型) 18.5cm(L)x10cm(W)x3cm

圓形藍碗

7 10.5cm(直徑)x4.5cm(D)

圓深碗

8 (特大)16.5cm(直徑)x7cm(D)
9 (大) 15cm(直徑)x4cm(D)
10 (中)14.9 cm(直徑) x6 cm (D)
11 (小)11.5cm(直徑)x5cm(D)

正方盤

12 12cm(W)x12cm(H)x2cm(D)

三格盤

13 (大) 25cm(L)x18cm(W)x 2cm(D)
14 (小)21cm(L)x15cm(W)x 2cm(D)

正方盤(大)

15 20cm(W)x20cm(H)x2.5cm(D)

木製長方形盤

16 17cm(W)x12.5cm(H)x2cm(D)

木製長方形盤

17 17cm(W)x17cm(H)x2cm(D)

木紋平盤

18 cm(L)x11.1cm(W)x0.9cm(D)

玻璃飲料杯

19 7cm(杯口直徑)x5cm(杯底直徑)xcm(高)

玻璃把手杯

20 9cm(直徑)x6cm(D)

透明杯

21 6.9cm(直徑)x9cm(H)

小白碟

22 10.2 cm(直徑) x2.4 cm(D)

圓麵碗

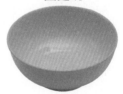

23 (小)15.5 cm(直徑) x5.4cm(D)
24 (大)19.5 cm(直徑) x6.5cm(D)

義大利麵盤

25 23.4 cm(直徑) x2.2cm(D)

白淺盤

26 18 cm(直徑) x2.2cm(D)

Chapter

1

成長中的青春期少年

進入青春期的孩子，
必須每天攝取均衡的飲食、每週維持運動習慣，
方能奠定一生的健康基礎。

諮詢專家：謝榮鴻╱餐盤設計：黃明明

長得高、體態好
擁有健康體位最重要

　　13～18歲的青春期，是從「兒童」到「成人」之間的重要階段。家中有從國小進入國、高中青少年的家長們，最關心的問題，就是「身高」與「體重」。如何讓這階段的青少年維持標準體重且順利長高？正是「健康體位」的概念，也是良好飲食與生活習慣的表徵，更奠定了一生的健康基礎。

　　孩子們一進入青春期，除了身高體重急速增加，最明顯的是生殖系統成熟與第二性徵出現。因此，攝取均衡且健康的飲食，將可提供骨骼、肌肉與各組織生長所需，且幫助正常發育。

青少年的營養需求

　　根據衛生福利部國民健康署（以下簡稱國健署）所公布的《青春期一日飲食建議量》，將青春期分為13～15歲與16～18歲兩階段。

　　13～15歲階段：無論少男或少女，此時腦下垂體會製造大量的促性腺激素，刺激生殖器官成長及分泌性激素。因應快速的成長與發育，再依照生活中活動強度的不同，男性總熱量需攝取2400～2800大卡，女性總熱量需2050～2350大卡。此時要特別注意攝取足夠的蛋白質、鐵質與鈣質。

　　16～18歲階段：高中生的活動量差異大，有些孩子經常流連於運動場上，有些孩子則較喜歡靜態的活動，因此，生活中的活動強度可進一步分為低、稍低、適度與高。依照強度比例，男性總熱量從2150～3350大卡，女性總熱量從1650～2550大卡。除

青春期一日飲食建議量

歲數	13 ～ 15 歲				16 ～ 18 歲							
生活活動強度	稍低		適度		低		稍低		適度		高	
性別	男	女	男	女	男	女	男	女	男	女	男	女
熱量（大卡）	2400	2050	2800	2350	2150	1650	2500	1900	2900	2250	3350	2550
全穀根莖類（碗）	4	3	4.5	4	3.5	2.5	4	3	4.5	2.5	5	4
豆魚肉蛋類（份）	6	6	8	6	6	4	7	5.5	9	6	12	7
低脂乳品類（杯）	1.5	1.5	2	1.5	1.5	1.5	1.5	1.5	2	1.5	2	2
蔬菜類（碟）	5	4	5	4	4	3	5	3	5	4	6	5
水果類（份）	4	3	4	4	3	2	4	3	4	3.5	5	4
油脂與堅果種子類（份）	7	6	8	6	6	5	7	5	8	6	8	7

圖表來源：衛生福利部國民健康署

此之外，高中生面臨的課業壓力更大，因應學習情況，可多補充富含蛋白質的食物與魚類，而攝取充足的蔬菜，對於視力也很有幫助。

蔬果不能少，4大營養素需多補充

除了六大類食物均衡攝取之外，青春期的少男少女們因為學業壓力大，加上白天上課，課後還有才藝班、補習班等課程，外食或飲食不正常的狀況所在多有，但因為正值成長期，更要注意多補充下列營養。

蛋白質：蛋白質是生長發育所需的營養素，與增長肌肉、生理期血紅素、免疫球蛋白等生成息息相關。尤其充足蛋白質食物可幫助紅血球生成，增加紅血球攜帶氧氣，改善青少年女性在生理期的疲勞感，同時幫助青少年男性增長肌肉。

青少年每天都應該要吃早餐，並以豐富蛋白質開啟一天的飲食，例如：豆漿、鮮奶、雞蛋等食物。

鐵質：青春期的少男少女們，正值成長階段，特別需要注重鐵質的吸收。因為此時男生的肌肉量和血液量增加，鐵質需求量同時增加；而女性則因每個月的生理期，會造成約15～30毫克的鐵質損失，可能會產生缺鐵性貧血問題，例如頭暈、臉色發白等現象。

根據國健署「國人膳食營養素參考攝取量（DRIs）第七版」顯示，青少年每日鐵質的參考攝取量約為15毫克，可多選擇高鐵

食物，如：牛肉、豬肉、紅
莧菜、紅豆等。另外，補充
維生素C含量高的水果，像是
芭樂、草莓、奇異果等，也
能促進鐵質吸收。

> *對於現代人來說，過瘦或*
> *肥胖都已經是一種病。*

　　以豬肉來說，每一百公克所含的鐵質約為1.2毫克，牛肉一百
公克所含鐵質則約為2.6毫克，而每一百公克的紅莧菜，鐵質約
為11.8毫克，因此，均衡攝取來自不同食物的鐵質，才能兼顧健
康與營養，滿足青春期的成長需求。

　　ω-3脂肪酸：青少年應避免高脂肪食物，改以ω-3不飽和脂
肪酸取代飽和脂肪，像是核桃、鮭魚、鮪魚、鱈魚等，皆含有豐
富的ω-3不飽和脂肪酸，能穩定情緒、抗憂鬱、減少青春期考試
壓力。另外，魚油能抑制發炎反應，延緩青春期女性經痛、頭痛
等經前症候群症狀。

　　鈣質：鈣是幫助青春期骨骼生長與長高的重要營養素。富含
鈣質的食物有乳酪、牛奶、優酪乳、深綠色蔬菜等，而豆干、
傳統豆腐等豆類食品，除了有鈣質，也含有天然的「大豆異黃
酮」，能幫助鈣的吸收；黑芝麻、杏仁果、腰果、開心果等堅果
類，則可增加維生素 E，對骨質密度的補強有間接性幫助；魩仔
魚、小魚乾、蝦米、蛤蠣等海鮮類，也是每餐可搭配食用的高鈣
食物。

　　此外，成長期的孩子要少喝含有咖啡因的飲料，如咖啡、可

樂、碳酸飲料，以免造成鈣質的流失或影響吸收。

足夠的蔬果：蔬果中含有豐富膳食纖維、維生素及礦物質，以及能抗氧化、抗發炎的植化素，建議攝取多元蔬果，尤其不同顏色的蔬果含有不同植化素，像是胡蘿蔔中的β胡蘿蔔素、菠菜中的葉綠素及葉黃素、番茄的茄紅素、葡萄的花青素等。

每日基本蔬果的攝取量為3份蔬菜、2份水果，除了平均分布於三餐攝取之外，三餐之外的點心可由水果取代，建議以全果攝取，而非果汁形式。而且，為了不要當「豆花臉」，蔬果中的纖維能幫助新陳代謝、預防便秘，還能攝取到維生素C，保護皮膚，減少青春痘的發生。

維持標準體重，記住「85210」關鍵密碼

肥胖不是病嗎？其實，對於現代人來說，肥胖已經成為一種病了！

根據國健署統計，進入青春期的國小、國中與高中生，過重及肥胖比例高達30%，而體重過輕者，則將近8%。如此兩極化的結果，都可能對青少年的身體產生危害。

想知道青少年的體重是否過重或肥胖，可以先計算出身體質量指數（Body Mass Index，即BMI），並且對照《青少年肥胖定義表》。

$$BMI=體重（公斤）÷身高^2（公尺^2）$$
$$=體重（公斤）÷身高（公尺）÷身高（公尺）$$

現今，台灣青少年在飲食與生活上普遍存在三大問題：第一個是攝取過多含糖飲食，像是手搖飲、零食、點心等，由於這些多屬精緻食物，含糖量高、營養密度低，是造成肥胖的主因。

第二個問題是蔬菜、水果攝取太少，雖然有些人會用瓶裝果汁取代，但含糖量偏高，纖維攝取不足，仍有可能造成肥胖。

第三，就是缺乏運動。一直以來，學校教育鼓勵孩子「聰明的吃、快樂的動」，但是現代的孩子卻是「快樂的吃，聰明的動」，不僅飲食肆無忌憚，攝取高糖、高油脂，而且喜歡滑手機，只動手指和眼球，取代了運動的時間。

青少年肥胖定義表

年齡	男性			女性		
	正常範圍（BMI 介於）	過重（BMI ≧）	肥胖（BMI ≧）	正常範圍（BMI 介於）	過重（BMI ≧）	肥胖（BMI ≧）
11	14.8-20.7	20.7	23.2	14.7-20.5	20.5	22.7
12	15.2-21.3	21.3	23.9	15.2-21.3	21.3	23.5
13	15.7-21.9	21.9	24.5	15.7-21.9	21.9	24.3
14	16.3-22.5	22.5	25.0	16.3-22.5	22.5	24.9
15	16.9-22.9	22.9	25.4	16.7-22.7	22.7	25.2
16	17.4-23.3	23.3	25.6	17.1-22.7	22.7	25.3
17	17.8-23.5	23.5	25.6	17.3-22.7	22.7	25.3

資料來源：衛生福利部國民健康署

　　因此，青少年應該減少含糖飲料的攝取，降低日後腰圍肥胖、體脂肪增加及代謝症候群的風險。每週維持運動習慣，像是能訓練心肺的有氧運動，如：籃球、網球、游泳、慢跑，以及無氧運動的肌力訓練、短跑、跳高等。

　　為了強化高中、國中與國小學生對於「健康體位」的自主管理，教育部積極推動「85210」這個關鍵密碼。

　　所謂的「85210」，包含睡足「8」小時，並避免在睡前看電視、玩電動等聲光刺激，以免影響睡眠品質。每天「5」份蔬果，可選3樣蔬菜、2樣水果。螢幕觀看時間少於「2」小時，也就是每天僅靜態注視螢幕，使用3C產品的時間要少於2小時。每天達成動態活動，運動30分鐘及活動30分鐘共「1」小時的目標，不僅學校體育課一定要參加，更要利用零星時間運動，例如提早一、兩站下車步行，或是在每天行程中安排運動及活動時間。此外，喝「0」含糖飲料，例如每天多喝白開水，對於體重控制大有幫助。

長高關鍵期，4件事情少不了

　　青春期的孩子，除了關心體重、身形之外，「身高」應該是青少年與家長共同關心的問題了。其實，小孩的身高受到遺傳、飲食、睡眠及運動等各方面影響，雖然從遺傳因素來看，有公式可以計算出孩子理想身高範圍，但想要突破遺傳限制，並非不可能。若能從飲食、睡眠及運動等其他方面下手，還是有機會藉由後天的努力，讓孩子長到最理想的高度。

計算身高的公式：

男孩身高＝（父親身高+母親身高+11）除以2，再加或減7.5公分

女孩身高＝（父親身高+母親身高-11）除以2，再加或減6公分

若父親身高172公分，母親身高158公分，那麼兒子的身高＝（172+158+11）/2±7.5，因此，身高範圍會落在163公分到178公分之間。

身高除了遺傳因子之外，關鍵在於「骨頭年齡」和「把握生長時間」。一般來說，男生的骨齡可以長到16歲，女生長到14歲，若生長激素分泌不足，成長進度就可能落後；如果孩子性早熟，也會提早喪失長高的機會，還有飲食與睡眠問題，也會造成「長不高」的困擾。

臨床上有一個案例，一位國小三年級的女生，因為身高低於班上的平均值，父母在憂心之餘，帶孩子去看醫生。醫師根據孩子的父母身高，算出她未來身高的最高值與最低值。

醫師問女孩：「你以後想要163公分，還是151公分呢？」

女孩急著說：「163公分。」

醫師笑笑說：「那你要答應我做到四件事，一、餐與餐之間不可以吃甜食與炸物，才不會影響到正餐。二、晚上10點以前熄燈上床，因為生長激素的分泌高峰在晚上10點到半夜2點。三、每日跳繩五百下，而且每天運動30分鐘，充分刺激生長板。四、每天早晚各喝牛奶一杯，補充鈣質的吸收。」

結果，當天晚上，女孩一上床就哭了……因為，她從小都是

11點以後才睡得著，叫她10點睡實在做不到！為了幫助女兒長高，從那天起，爸媽配合女兒，每天10點就關燈入睡，而且陪著每日跳繩，補充足夠的牛奶與營養。不到半年，女孩居然大幅長高了6公分！實施多年之後，已超越身高公式所計算的163公分，也達到滿意的身高。

　　女孩的例子或許是特例，也可能是放諸天下皆準的通則。雖然我們無法控制遺傳因子，卻能掌握飲食、睡眠及運動等人為因素。綜觀青春期營養，不論在家用餐或外食，注意充分攝取六大類營養素，把握吃蔬菜水果的機會，早晚補充牛奶，增加鈣質的吸收。唯有吃得對、吃得夠、吃得營養，搭配足夠運動，才能正常發育、避免肥胖、幫助長高。

飯糰豆漿餐

—

肉鬆糯米飯糰
豆漿

肉鬆糯米飯糰

食材／

圓糯米 ·································· 1/2杯
油條 ····································· 1/4條
蘿蔔乾 ··································· 少許
肉鬆 ······································ 少許
雞蛋 ····································· 1/4顆

做法／

1. 糯米洗淨，用電鍋煮，米和水的比例 2:1。
2. 滷蛋或煎蛋1/4個。油條1/4條，若家中有小烤箱，可先稍微加熱，增加酥脆口感。
3. 將煮好的糯米飯放在包了塑膠袋的毛巾上，抹平成長方形。
4. 放上蘿蔔乾、肉鬆、滷蛋或煎蛋，以及油條等配料，把毛巾由兩邊往中間夾包起來，讓兩邊的糯米飯合起來黏在一起就完成了。

【營養師小叮嚀】

若是無法在早餐時刻買到飯糰，也可以自己動手做。

使用餐盤

營養成分分析　熱量／590大卡・蛋白質／15公克・脂肪／31公克・醣類／54公克
六大類食物份數　全穀雜糧類5份／豆魚蛋肉類2份／蔬菜類0.2份／油脂與堅果種子類2份

豬肉漢堡餐

—

麥當勞豬肉蛋堡
大杯玉米濃湯

豬肉蛋堡

食材／
漢堡麵包 ……………………………… 1 個
絞肉 ………………………………… 75 公克
洋蔥 …………………………………… 適量
生菜 …………………………………… 適量
切達起司 …………………………… 1/2 片
雞蛋 …………………………………… 1 顆

調味料／
鹽 ……………………………………… 少許
醬油 …………………………………… 適量
白胡椒粉 ……………………………… 適量

做法／
1. 洋蔥切成碎末。
2. 將洋蔥末加入絞肉中，放入鹽、醬油、白胡椒粉，攪拌均勻，揉成圓形後壓扁，就是肉餅。
3. 肉餅放入平底鍋，以中小火煎熟至兩面金黃，起鍋備用。
4. 打一個雞蛋，放進圓形煎蛋模型，撒點鹽煎熟後，備用。
5. 漢堡麵包從中間切開，先放 1/2 片切達起司，然後放煎熟的肉餅，再放上煎好的雞蛋。
6. 最後放上洗淨的生菜，蓋上另一片麵包即可。

玉米濃湯

食材／
玉米罐 ……………………………… 1/4 罐
無鹽奶油 …………………………… 10 公克
麵粉 ………………………………… 1 ½ 匙
雞高湯 ………………………………… 1 杯

調味料／
鹽 …………………………………… 2 小匙
胡椒 …………………………………… 適量

做法／
1. 先將玉米罐內的玉米用調理機打至漿狀。
2. 奶油放入湯鍋，加熱融化。
3. 在逐漸融化的過程中，慢慢加入麵粉，混合均勻。
4. 煮至小滾時加入高湯，再滾一次時，加入漿狀玉米再撒鹽，攪拌均勻。
5. 湯滾即可熄火，可視個人喜好，加適量胡椒。

【營養師小叮嚀】
若是無法在早餐時刻買到麥當勞豬肉蛋堡，也可以自己在家動手做。

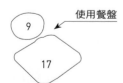

使用餐盤

9

17

營養成分分析　熱量／515大卡・蛋白質／17公克・脂肪／36公克・醣類／47公克
六大類食物份數　全穀雜糧類4份／豆魚蛋肉類2份／蔬菜類0.2份／油脂與堅果種子類2份

焗烤義大利麵套餐

焗烤海鮮義大利麵
什錦沙拉、蘋果

焗烤海鮮義大利麵

食材／
螺旋麵	110公克
草蝦仁	30公克
花枝圈	40公克
綠花椰菜	30公克
蘑菇	10公克
紅椒	10公克
洋芋	45公克
起司	45公克
橄欖油	10公克

調味料／
羅勒葉	適量
黑胡椒	適量
鹽	適量

做法／
1. 綠花椰菜切朵、蘑菇切片、紅椒切小塊、洋芋切丁，備用。
2. 取一只鍋煮水，水滾後將綠花椰菜和鹽放到鍋中，煮至七分熟。
3. 另備一鍋煮水，水滾後轉為中火，加少許鹽，再加入螺旋麵，煮8～10分鐘，完成後撈起瀝乾備用。
4. 熱鍋，倒入2匙橄欖油，先把草蝦仁、花枝圈、蘑菇、紅椒、洋芋炒過，調味後起鍋。
5. 烤箱預熱。將做法3的螺旋麵、綠花椰菜及炒過的材料在烤盤拌勻，撒上焗烤專用的起司、羅勒葉、黑胡椒後，放進烤箱，以上、下火各180度烤6分鐘，即可食用。

什錦沙拉

食材／
豌豆櫻	10公克
萵苣葉	100公克
紅蘿蔔	20公克
紫高麗	20公克
橄欖油	5公克
熟玉米粒	少許

調味料／
果醋	適量

做法／
1. 萵苣葉切成適當大小、紅蘿蔔切絲、紫高麗切絲，備用。
2. 取橄欖油和果醋調勻，做成油醋，備用。
3. 在沙拉盤中將所有蔬菜拌勻，撒上玉米粒，淋上油醋即可食用。

使用餐盤
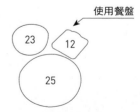

營養成分分析　熱量／915大卡‧蛋白質／35公克‧脂肪／35公克‧醣類／115公克
六大類食物份數　全穀雜糧類6份／豆魚蛋肉類3份／蔬菜類2份／水果類1份／油脂與堅果種子類4份

豚肉拉麵套餐

—

豚肉拉麵、涼拌海帶絲、蓮霧 2 顆

豚肉拉麵

食材／

市售拉麵	210公克
五花肉	75公克
雞蛋	55公克
筍乾	50公克
黃豆芽	30公克
蔥	適量
海苔片	1片
豬骨頭	350公克
油	5公克

調味料／

鹽	適量	糖	適量
味醂	適量	米酒	適量
薑片	適量	蔥段	適量

做法／

1. 在鍋中煮水，水滾後將豬骨頭放進鍋中去除血水、血管等。
2. 重新煮滾水，放入乾淨豬骨煮到水滾後轉小火。過程中要撈去雜質，煮到湯呈現淡棕色，加入鹽或味噌調味，即完成拉麵湯底。
3. 取適量的水，放入醬油、味醂、糖，煮滾做成滷汁備用。
4. 將2公分厚的五花肉用棉線捆成圓柱狀。熱鍋，倒入1匙油煎肉；煎到外層焦香，再放薑片及蔥段爆香，加入黃豆芽拌炒。
5. 加入米酒、滷汁，煮滾後，轉為小火煮半小時，即可完成日式叉燒。
6. 筍乾沖洗乾淨後，放到滷汁裡，滷到自己喜歡的鹹度。
7. 煮滾水，將雞蛋放入鍋中煮6分鐘撈出，並迅速放入冰水中讓雞蛋冷卻，將剝好的蛋放入放涼後的滷汁，泡至上色即成溏心蛋。
8. 煮熟拉麵（依照市售袋裝拉麵包裝上的煮法），蔥切絲，日式叉燒切片，溏心蛋對半切。
9. 依序將麵、筍乾、蔥、日式叉燒、湯、溏心蛋、海苔放入碗中即完成。

涼拌海帶絲

食材／

海帶絲	100公克	紅蘿蔔	20公克
油	5公克		

調味料／

蒜頭	1顆	大辣椒	1根
青蔥	1支	淬釀醬油露	1匙
香油	適量	烏醋	5公克
糖	5公克	白胡椒粉	適量

做法／

1. 海帶絲加鹽汆燙後，放涼，切段；紅蘿蔔切絲。
2. 熱鍋，倒入一匙油，先把紅蘿蔔絲炒過。
3. 蒜頭、辣椒、青蔥切碎後，將調味料混和調好，浸泡出香味。
4. 將放涼的海帶絲拌入調味料，確實放涼後，即可盛盤。

使用餐盤

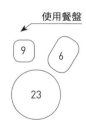

營養成分分析　熱量／915大卡・蛋白質／35公克・脂肪／35公克・醣類／115公克
六大類食物份數　全穀雜糧類6份／豆魚蛋肉類3份／蔬菜類2份／水果類1份／油脂與堅果種子類4份

午晚餐

宮保雞丁
胚芽飯套餐

———

宮保雞丁、番茄炒蛋
絞肉茄子、雙色花椰菜
胚芽飯、棗子1顆

使用餐盤

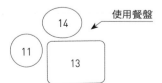

宮保雞丁

食材／
雞胸丁·····································65公克
洋蔥·······································15公克
紅椒·······································10公克
小黃瓜···································10公克
油花生·····································少許
油···5公克

調味料／
乾紅辣椒·································少許
鹽···適量

做法／
1. 所有食材洗淨，洋蔥、紅椒、小黃瓜切滾刀塊。
2. 雞胸丁汆燙。
3. 熱鍋，倒入1匙油，先把洋蔥、紅椒炒香，再加入雞胸丁混炒；起鍋前再放入小黃瓜、乾紅辣椒拌炒。
4. 撒下油花生拌勻，起鍋即可盛盤。

番茄炒蛋

食材／
雞蛋·······································55公克
番茄·······································35公克
青豆仁·····································5公克
油···5公克

調味料／
蓮藕粉·····································少許
鹽···適量

做法／
1. 食材洗淨後，番茄切滾刀塊。
2. 青豆仁燙軟。
3. 熱鍋，倒入1匙油，先把番茄炒軟，取出備用。
4. 蛋液炒至凝固，倒入炒軟的番茄混炒，並加進以水調勻的蓮藕粉液，放入燙軟的青豆仁拌炒後，起鍋即可盛盤。

絞肉茄子

食材／

絞肉 ································· 15 公克
茄子 ································· 30 公克
油 ··································· 5 公克

調味料／

辣豆瓣醬 ··························· 少許

做法／

1. 茄子洗淨，切段。
2. 辣豆瓣醬放入絞肉中混勻。
3. 熱鍋，倒入1匙油，先炒茄子，再倒入調味過的絞肉拌炒，起鍋即可盛盤。

雙色花椰菜

食材／

綠花椰菜 ··························· 30公克
白花椰菜 ··························· 70公克
油 ································· 5公克

調味料／

鹽 ································· 適量

做法／

1. 花椰菜洗淨後，切成朵狀。
2. 熱鍋，倒入1匙油，先把花椰菜炒過，加入適量水悶煮至熟軟，起鍋即可盛盤。

營養成分分析	熱量／915大卡・蛋白質／35公克・脂肪／35公克・醣類／115公克
六大類食物份數	全穀雜糧類6份／豆魚蛋肉類3份／蔬菜類2份／水果類1份／油脂與堅果種子類4份

午晚餐

茄汁豬柳
糙米飯套餐

———

茄汁豬柳、鮮蔬豆干、三色豆芽
蔥酥小白菜、糙米飯、香蕉1/2根

使用餐盤

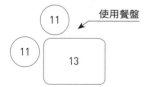

茄汁豬柳

食材／
豬柳·····································75公克
洋蔥·····································20公克
紅椒·····································10公克
黃豆芽·····································5公克
油·····································5公克

調味料／
番茄醬·····································10公克
蓮藕粉·····································少許

做法／
1. 洋蔥、紅椒切絲。
2. 蓮藕粉加適量的水拌勻成液狀後，加入豬柳攪拌均勻。
3. 熱鍋，倒入1匙油，先炒洋蔥、紅椒，再將黃豆芽、豬柳倒入混炒。
4. 淋上番茄醬拌炒均勻，即可起鍋。

鮮蔬豆干

食材／
豆干·····································35公克
高麗菜·····································10公克
杏鮑菇·····································10公克
紅蘿蔔·····································10公克
油·····································5公克

調味料／
豆瓣醬····································· 1.5公克
甜麵醬····································· 1.5公克

做法／
1. 食材洗淨後，豆干、杏鮑菇、紅蘿蔔切片，高麗菜撕小塊。
2. 將豆瓣醬和甜麵醬加適量水，混合均勻。
3. 熱鍋，倒入1匙油，先炒豆干、紅蘿蔔，再加入高麗菜、杏鮑菇混炒，加點水短時間燜煮。
4. 水收乾前加入調好之調味醬，水收乾後在鍋內乾炒，即可起鍋盛盤。

三色豆芽

食材╱

豆芽菜 ·························· 50公克
韭菜 ····························· 5公克
濕木耳 ·······················10公克
油 ································· 5公克

調味料╱

鹽 ······························適量

做法╱

1. 將所有食材洗淨後，韭菜、木耳切段備用。
2. 熱鍋，倒入1匙油，先炒韭菜，再陸續加入木耳和豆芽菜混炒，撒適量鹽調味後，即可起鍋盛盤。

蔥酥小白菜

食材╱

小白菜 ·························70公克
油 ································· 5公克

調味料╱

蔥酥 ····························適量
鹽 ······························適量

做法╱

1. 小白菜洗淨後切段，備用。
2. 熱鍋，倒入1匙油，先炒蔥酥，再加入小白菜拌炒。
3. 撒適量鹽調味後，即可起鍋盛盤。

營養成分分析 熱量╱915大卡．蛋白質╱35公克．脂肪╱35公克．醣類╱115公克
六大類食物份數 全穀雜糧類6份╱豆魚蛋肉類3份╱蔬菜類2份╱水果類1份╱油脂與堅果種子類4份

午晚餐

咖哩肉丁
雜糧飯套餐

———

咖哩肉丁、番茄油腐
小魚乾苦瓜、香菇芥藍菜
雜糧飯、橘子1個

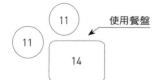

使用餐盤

咖哩肉丁

食材／

前腿肉丁……………………………55公克
馬鈴薯……………………………20公克
紅蘿蔔……………………………20公克
洋蔥………………………………15公克
油…………………………………5公克

調味料／

咖哩粉……………………………0.5公克
椰漿………………………………3公克
月桂葉……………………………少許

做法／

1. 前腿肉切丁，馬鈴薯、洋蔥、紅蘿蔔切滾刀塊。
2. 先將前腿肉丁汆燙、馬鈴薯用滾水煮過，備用。
3. 熱鍋，倒入1匙油，先把洋蔥、紅蘿蔔炒香。
4. 最後加入前腿肉丁、馬鈴薯、所有調味料，一起拌勻，加水燜煮至軟，起鍋即可盛盤。

番茄油腐

食材／

小油腐……………………………60公克
番茄………………………………30公克
濕木耳……………………………10公克
毛豆仁……………………………15公克
油…………………………………5公克

調味料／

鹽…………………………………1公克
醬油………………………………少許
糖…………………………………少許

做法／

1. 番茄、濕木耳切丁。
2. 熱鍋，倒入1匙油，炒香毛豆。
3. 加入小油腐、番茄丁混炒，加入濕木耳丁拌炒至脆。
4. 將所有調味料一次加入後，全部拌勻，起鍋即可盛盤。

小魚乾苦瓜

食材／
小魚乾⋯⋯⋯⋯⋯⋯⋯⋯⋯⋯⋯5公克
苦瓜⋯⋯⋯⋯⋯⋯⋯⋯⋯⋯⋯25公克
油⋯⋯⋯⋯⋯⋯⋯⋯⋯⋯⋯⋯5公克

調味料／
豆鼓⋯⋯⋯⋯⋯⋯⋯⋯⋯⋯⋯⋯少許

做法／
1. 苦瓜切開，用湯匙將籽及膜去除後，洗淨瀝乾水分切片。
2. 熱鍋，倒入1匙油，先把苦瓜炒香，再加入豆鼓拌炒。
3. 將小魚乾倒入鍋中，再次拌炒均勻，即可起鍋盛盤。

香菇芥藍菜

食材／
芥藍菜⋯⋯⋯⋯⋯⋯⋯⋯⋯ 100公克
香菇⋯⋯⋯⋯⋯⋯⋯⋯⋯⋯⋯⋯少許
油⋯⋯⋯⋯⋯⋯⋯⋯⋯⋯⋯⋯5公克

調味料／
蠔油⋯⋯⋯⋯⋯⋯⋯⋯⋯⋯⋯ 8公克

做法／
1. 芥藍菜切段，香菇切絲。
2. 熱鍋，倒入1匙油，先把香菇炒香，再加入芥藍菜段一起炒。
3. 起鍋前，倒入蠔油拌勻即可盛盤。

營養成分分析　熱量／915大卡‧蛋白質／35公克‧脂肪／35公克‧醣類／115公克
六大類食物份數　全穀雜糧類6份／豆魚蛋肉類3份／蔬菜類2份／水果類1份／油脂與堅果種子類4份

Chapter
2
追求健康的成年人

從 19 歲開始，人類就邁入成年期，
隨著年歲逐漸增加，生理機能逐漸衰退，
此時養成良好的飲食習慣，
才能活得健康精采。

諮詢專家：葉松鈴／餐盤設計：蔡玉鈴

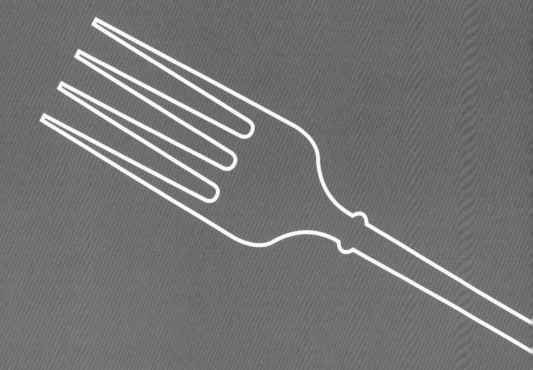

不同生命階段，
不同營養需求

　　從19歲開始到64歲都屬成人期的範疇，此時隨著年齡增加與生理機能的轉變，成年人必須開始注意維持理想體重、建立良好的飲食模式、持續培養運動習慣，積極奠定老年期的健康基礎。

　　以飲食來說，成年人的營養攝取與健康息息相關，因為許多慢性病皆來自營養攝取不均衡，加上30歲以後基礎代謝率與青春期相比逐年降低，所攝取的熱量、脂肪與蛋白質也應該隨著年紀增長而調整；同時，對於能調節生理機能、促進新陳代謝與預防老化的維生素及礦物質，則愈發重要，是成年人需特別注重補充及攝取的。

不同生命歷程，飲食及營養需求各有不同

　　從青春期進入成年期，最初的19歲到30歲期間，人體組織發育成熟，生理功能、免疫力、行動力都處於顛峰，30歲之後才逐漸下降。此時，只要能保持優質飲食與適當運動，就能維持身體健康。

　　30歲之後，體力、活力開始衰退，卻是事業發展的高峰期，也即將面對成家立業的挑戰。此階段的成年人，在公司是中堅分子，在家中是重要經濟支柱，工作、家庭兩頭燒的狀況下，可能導致生活不正常、飲食不均衡、壓力指數過高，造成血糖、血脂、血壓過高的情形。

　　而過了45歲，健康與體力便開始呈現初老狀態，女性則會經歷更年期階段，因此，在飲食攝取和營養需求上，男士與女士各

有不同，也都有各自必須要做的功課及注意事項。

女士年輕打好底，才能面對不同人生階段

19～30歲階段：隨著生活活動強度的差異，此階段女士的熱量需求從每日1500大卡到2150大卡不等。

想要成為窈窕淑女，飲食必須均衡、攝取足夠營養，少吃零食與油炸品，而且從年輕就養成細嚼慢嚥的好習慣。平日也要多攝取鐵質與維生素C，不僅可以降低貧血發生機會，也能維持良好膚況。

31～50歲階段：隨著年齡增加，此時的熱量需求降低到每日1450大卡到2100大卡不等。

這個階段的女士們，常因工作緣故久坐、運動不足，甚至懷孕的壓迫，而產便祕問題，可以早起喝一杯溫水、定時排便、攝取豐富的膳食纖維，以及每週做150分鐘中等強度的運動，來避免便祕，維持腸道健康。

此時也要開始儲存骨本，預防更年期（大約在45歲到52歲）雌激素分泌下降而導致骨質流失的狀況。若因熱潮紅現象而出現大量出汗，則必須隨時補充水分。

51～64歲階段：過了50歲，身體機能降低的速度加快，熱量攝取依照活動強度不等，約為1400大卡到2000大卡。

此時的女士們，正面臨更年期，雌激素分泌漸漸減少，許多代謝性疾病也會慢慢增加。例如：體重增加、骨質疏鬆、心血管

油脂與堅果種子類
男士：油脂4～7茶匙及堅果種子類1份
女士：油脂3～5茶匙及堅果種子類1份

乳品類
男士：1.5～2杯
女士：1.5杯
備註：1杯為240毫升

豆魚蛋肉類
男士：4～8份
女士：4～6份

成人期
每日飲食建議

蔬菜類
男士：3～5份
女士：3～4份

全穀雜糧類
男士：3～4碗
女士：2～3.5碗

水果類
男士：2～4份
女士：2～3份

備註：成人期男女年齡為 19～64 歲　　資料來源：衛生福利部國民健康署

疾病、高血糖、高血壓、高血脂等。基本營養原則還是維持均衡飲食，另外需要減少攝取富含飽和脂肪酸的紅肉，改以家禽類與魚類取代，並減少鹽分、增加膳食纖維攝取。預防骨質疏鬆則要多補充鈣質，每週運動時間達到150分鐘以上。

以50歲為界，男士們注意飲食及運動

　　19到50歲階段：成年人的活動強度差異較大，依生活型態分為低、稍低、適度與高不同強度，男性熱量需求從每日1800大卡到2700大卡不等。

要注意的是，此階段常有應酬、外食的機會，為了避免高尿酸、高血脂與肥胖上身，應多喝水、多吃蔬菜、少吃紅肉，避免油炸類

99.8%的成年男女有乳品攝取不足的問題。

與精緻糖類的攝取。每日咖啡因不要超過300毫克，飲酒不宜超過2杯（每杯酒精以10公克為限）。

　　51歲到64歲階段：51歲以後，人體代謝率降低，熱量也要跟著調降。依照活動強度，男性熱量需求從1700大卡到2500大卡不等。

　　此時除了三餐均衡、飲食多變化之外，應增加鈣質攝取，多運動、訓練肌耐力，可以強健骨質，還能預防老年意外跌倒並降低傷害。

鐵、鈣、膳食纖維不可少

　　成人期除了六大類食物的均衡攝取，鐵質、鈣質與膳食纖維更是不可或缺的三大營養素。

　　鐵質：在成人期，若因為刻意節食、營養不均、月經來潮等因素，皆有可能造成女性缺鐵的狀況。缺鐵性貧血的症狀，包括：臉色蒼白、容易疲勞、難以集中精神，還可能引起腸胃不適、頭暈、沒有胃口、抵抗力差等。

　　國健署建議，成年女性每日的鐵質攝取量為15毫克，除了

攝取量要夠，吸收率也很重
要。一般來說，動物性食物
中的鐵，比植物性食物中的
鐵更容易被人體吸收，像是
牛肉、豬肉、羊肉、豬肝、

> *91％的成年男女每天堅果攝取不足一份。*

豬血，以及海鮮中的文蛤、小魚乾等，也含有豐富的鐵質。

　　若是素食者，植物中也有非血紅素鐵，如：紫菜、菠菜、番薯葉、穀類及豆類，堅果中的黑芝麻、紅土花生、南瓜子、葵瓜子等，也含有較高鐵質，建議每日可補充1湯匙的堅果類。

　　鈣質：根據國民營養調查發現，19～64歲男性平均每天鈣質攝取量為611毫克，而女性更只有563毫克，遠遠不及衛生署建議成人每日鈣質攝取量1000毫克。

　　鈣質的重要性不僅在於骨質密度，它對於神經傳導、細胞膜通透性、心肌的正常功能等，都扮演重要角色，可說是全身上下從神經、內分泌、免疫系統、消化循環……，都不能缺少鈣質。

　　值得注意的是，女性在停經後，骨質流失速度會加快，可能導致「停經後骨質疏鬆症」，容易造成骨折、背部痠痛、身高變矮及駝背現象。建議成人每日應喝每杯240毫升的牛奶1～2杯，或以3～4湯匙奶粉沖成一杯，每杯約含260毫克鈣質；再搭配每天日曬20分鐘，藉由充足的活化型態維生素D來幫助鈣質吸收。若茹素者無法攝取奶類，建議每日補充鈣片。

　　膳食纖維：根據台灣癌症基金會的統計，90％以上的國人，都有膳食纖維攝取不足的問題。以男性來說，平均每天攝取的膳

食纖維約13.7公克，女性平均約14公克，距離國健署建議每日膳食纖維攝取量的25公克～35公克，幾乎少了一半，可説是嚴重不足。

膳食纖維可以促進腸內廢物排泄，讓女性皮膚看起來較透亮，對於久坐、缺乏運動的人來説，能降低便祕的發生。研究顯示，飲食中攝取高纖維可預防大腸直腸癌、乳癌、卵巢癌、子宮頸癌、胃腸癌等罹患機率。

膳食纖維分成「水溶性纖維」及「非水溶性纖維」。水溶性纖維存在於某些水果、豆類、燕麥片、洋菜、木耳、海帶、紫菜、菇類、瓜類、莢豆類及蔬菜莖部等，這些多具有黏性的纖維質，在腸內經發酵後的產物，可以提供腸道細胞能量的來源；水溶性纖維還可結合膽酸，促進膽酸排出，降低血膽固醇及預防心血管疾病的發生。

非水溶性纖維，包括：纖維較粗的青菜、全穀類等，比較不具有黏性，主要是增加糞便體積、促進大腸蠕動、減少糞便通過腸道的時間，進而降低腸道與致癌物質接觸的時間。

此外，多選擇「粗食」與「原態」食物，才能吃到更多膳食纖維，對身體健康也大有助益。

控制體重，預防代謝疾病

無論是成人期的男性或女性，都很容易有體重上升的問題，而肥胖又是許多代謝性疾病的根源，因此，想要擁有健康人生，

唯有瞭解自己的理想體重，確認身體質量指數（BMI值）與腰臀比，並加以管理，代謝性疾病才不容易找上身。

　　所謂的BMI值是體重與身高的比值，成年人理想的BMI指數應該在18.5到23.9之間。低於18.5，表示體重過輕，容易有營養不良、骨質疏鬆、呼吸道、腸胃道疾病等健康問題；高於24即為體重過重，超過27即為肥胖，可能成為導致糖尿病、心血管疾病、代謝異常等慢性疾病的主要因素。

　　此外，腰臀比也是另一個測量是否肥胖的重要指標。腰臀比的算式＝腰圍（公分）/臀圍（公分），男性腰圍超過90公分（約35.5吋），女性腰圍超過80公分（約31吋），即可稱為肥胖。而男性腰臀比大於或等於0.9、女性腰臀比大於或等於0.85，則代表容易罹患心血管疾病、高血壓、動脈粥狀硬化、糖尿病、高血脂症等慢性疾病。

改變生活，從現在開始

　　依據國民健康署2013年～2016年國民營養健康狀況變遷調查，台灣19～64歲成人每日平均乳品攝取不足1.5杯的比例，高達99.8％，堅果種子不足1份的為91％，蔬菜攝取量不足3份的為86％，水果攝取量不足2份的為86％。

　　因此，為了達到「均衡飲食」的目標，攝取「六大類」食物是基本原則，因為每一大類食物都提供了不同營養素，因此要努力吃到建議量，才能維持身體健康。

　　此外，五穀根莖類應多選擇全穀類，且至少有一餐吃雜糧，並挑富含膳食纖維的多醣類，減少糖份和甜食的攝取。每日脂肪攝取量應占總熱能的20％～30％，可選擇含單元及n-6多元不飽和脂肪酸豐富的植物油，以及含n-3不飽和脂肪酸的深海魚類。

　　建立正確飲食觀，維持良好體重，搭配足夠運動，絕對是每位成人邁向健康的不二法門。

五穀米粥佐炒蛋豆腐套餐

五穀米粥、烤地瓜
什錦蔬菜炒蛋、香煎雞蛋豆腐
汆燙地瓜葉

烤地瓜

食材／

地瓜 ·······································55 公克

做法／

烤箱以上、下火各200度預熱5分鐘。
地瓜洗淨帶皮放入烤箱，烤約 30 分
鐘即可。

什錦蔬菜炒蛋

食材／

雞蛋 ···1 顆
菠菜 ···10 公克
番茄 ···20 公克
彩椒 ···20 公克
沙拉油 ····································2 ½ 公克

調味料／

鹽 ··1 ¼ 公克

做法／

1. 將所有蔬菜洗淨後，切小丁備用，
   雞蛋加鹽打勻備用。
2. 不沾鍋加熱，倒入沙拉油將雞蛋倒
   入鍋中炒熟，盛裝起備用。
3. 蔬菜放入鍋中炒熟，放入雞蛋拌
   均，即可盛裝。

香煎雞蛋豆腐

食材／

盒裝雞蛋豆腐 ·························70 公克

調味料／

醬油膏 ·······································5 公克

做法／

1. 用不沾鍋將雞蛋豆腐煎至兩面金黃
   色，即可起鍋。
2. 將煎好的豆腐放入盤中，淋上醬油
   膏即可。

汆燙地瓜葉

食材／

地瓜葉 ·································· 100 公克

調味料／

鹽 ··2 ½ 公克
蒜頭 ··適量

做法／

1. 地瓜葉洗淨後，燙熟撈起；蒜頭拍
   破切成蒜末。
2. 趁熱拌入蒜末和鹽，即可食用。

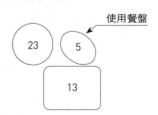

使用餐盤

23　5

13

營養成分分析 熱量／400大卡・蛋白質／17公克・脂肪／12.5公克・醣類／55公克
六大類食物份數 全穀雜糧類3份／豆魚蛋肉類1.5份／蔬菜類1份／油脂與堅果種子類1份

蔬菜蛋三明治套餐

——

燕麥牛奶
蔬菜蛋三明治
堅果薯泥沙拉

燕麥牛奶

食材／

脱脂奶 ·······················240c.c.
燕麥 ·························· 20公克

做法／

將燕麥煮熟後，倒入牛奶中，再用食物調理機攪拌均勻即可。

【營養師小叮嚀】

若家中沒有食物調理機，可改用果汁機攪拌。

蔬菜蛋三明治

食材／

吐司 ·······················60公克
雞蛋 ····························1顆
美生菜 ·······················20公克
小黃瓜 ·······················10公克
番茄 ·························20公克
油 ····························5公克

調味料／

黑胡椒鹽 ····················適量

做法／

1. 雞蛋煎成荷包蛋備用。
2. 美生菜洗淨，小黃瓜和番茄洗淨後切片。
3. 吐司放進烤麵包機略烤，取出後依序鋪上美生菜、荷包蛋、番茄、小黃瓜後，撒上適量黑胡椒鹽即可。

堅果薯泥沙拉

食材／

馬鈴薯 ·······················45公克
美生菜 ·······················20公克
綠花椰菜 ·····················30公克
腰果 ·························5公克
核桃 ·························3 ½公克

調味料／

沙拉醬 ·······················5公克
胡椒鹽 ·······················2 ½公克

做法／

1. 馬鈴薯洗淨去皮蒸熟，搗成泥狀。
2. 美生菜洗淨、綠花椰菜汆燙，備用。
3. 馬鈴薯泥與沙拉醬拌勻後，和綠花椰菜一起擺在美生菜旁，撒上胡椒鹽，再放上腰果、核桃即可。

使用餐盤

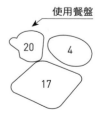

營養成分分析 熱量／500大卡・蛋白質／21.5公克・脂肪／15.5公克・醣類／69公克
六大類食物份數 全穀雜糧類3.5份／豆魚蛋肉類1份／蔬菜類2份／乳品類1份／油脂與堅果種子類2份

滷味雞胸肉絲飯套餐

香滷肉燥滷味、蔬菜燴蒸蛋
蒜香綠花椰、海帶味噌湯
雞胸肉絲飯、橘子 1 個

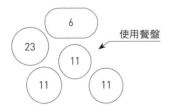

使用餐盤

香滷肉燥滷味

食材／

絞肉……………………………18公克
海帶結…………………………50公克
油豆腐…………………………18公克
蒜頭……………………………2小顆
紅蔥頭…………………………5公克
油………………………………2 ½公克

調味料／

醬油……………………………15公克
糖………………………………2 ½公克
鹽………………………………1 ¼公克

做法／

1. 蒜頭及紅蔥頭去皮拍碎，起油鍋，先將蒜頭和紅蔥頭炒香，再放入絞肉炒熟。
2. 最後加入醬油、糖、鹽和適量的水，做成肉燥。
3. 肉燥先滷煮約10分鐘後，先放入油豆腐滷煮10分鐘後撈起，最後放入海帶結滷煮15分鐘即可。
4. 將肉燥、油豆腐、海帶結盛盤，將肉燥淋在雞胸肉絲飯上，即成一碗好吃的雞胸肉絲肉燥飯。

蔬菜燴蒸蛋

食材／

雞蛋……………………………1/2個
大白菜…………………………30公克
金針菇…………………………20公克
紅蘿蔔…………………………5公克
油………………………………1 ⅙小匙
薑絲……………………………少許

調味料／

鹽………………………………適量

做法／

1. 雞蛋放入碗中打勻，加入等體積的水，大火蒸熟備用。
2. 大白菜洗淨切絲，金針菇洗淨對切，紅蘿蔔洗淨切絲備用。
3. 起油鍋，先將薑絲炒香，依序放入紅蘿蔔、金針菇和大白菜拌炒後，在鍋中燒煮至大白菜軟爛，以鹽調味即可。
4. 將煮好的蔬菜盛裝起，放在蒸蛋上即完成。

蒜香綠花椰

食材／

綠花椰菜·····························90公克
蒜頭·································2小顆
油·····································5公克

調味料／

鹽·····································適量

做法／

1. 綠花椰菜洗淨後，切成適當大小；
   蒜頭去皮拍碎。
2. 起油鍋，先放入蒜末炒香後，放入
   綠花椰菜炒熟，以鹽調味即可。

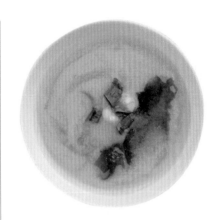

海帶芽味噌湯

食材／

海帶芽·······························1公克
洋蔥·································10公克

調味料／

味噌······························1 ½小匙

做法／

1. 湯鍋中加入冷水和味噌調勻。
2. 洋蔥洗淨切絲加入湯中。
3. 水滾，洋蔥煮軟後，將海帶芽放
   入，煮開即可。

營養成分分析　熱量／800大卡・蛋白質／34公克・脂肪／24公克・醣類／112公克
六大類食物份數　全穀雜糧類5.5份／豆魚蛋肉類3份／蔬菜類2份／水果類1份／油脂與堅果種子類2份

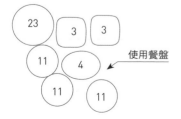
午晚餐

三杯雞腿
紫米飯套餐

———

三杯雞腿丁、玉米炒蛋
養生菠菜、蒜香高麗菜
山藥排骨湯、紫米飯、小番茄

23　3　3

11　4　→ 使用餐盤

11　11

三杯雞腿丁

食材／

去骨雞腿肉⋯⋯⋯⋯⋯⋯⋯⋯80公克
薑片⋯⋯⋯⋯⋯⋯⋯⋯⋯⋯⋯10公克
九層塔⋯⋯⋯⋯⋯⋯⋯⋯⋯⋯10公克

調味料／

麻油⋯⋯⋯⋯⋯⋯⋯⋯⋯⋯⋯⋯5公克
醬油⋯⋯⋯⋯⋯⋯⋯⋯⋯⋯⋯15公克
米酒⋯⋯⋯⋯⋯⋯⋯⋯⋯⋯⋯15公克
糖⋯⋯⋯⋯⋯⋯⋯⋯⋯⋯⋯2 ½公克
鹽⋯⋯⋯⋯⋯⋯⋯⋯⋯⋯⋯1 ¼公克

做法／

1. 去骨雞腿肉切成長2公分、寬2公分大小的丁狀，洗淨先汆燙去血水。
2. 鍋中倒入麻油，先將薑片炒香。
3. 放入雞腿肉丁炒至金黃色，再依序倒入米酒、醬油、糖、鹽和1/2杯水調味。
4. 大火燒煮約15～20分鐘。
5. 放入九層塔翻炒，再嗆入15公克米酒即可起鍋。

玉米炒蛋

食材／

雞蛋⋯⋯⋯⋯⋯⋯⋯⋯⋯⋯⋯1/2顆
玉米粒⋯⋯⋯⋯⋯⋯⋯⋯⋯⋯25公克
紅蘿蔔⋯⋯⋯⋯⋯⋯⋯⋯⋯⋯10公克
沙拉油⋯⋯⋯⋯⋯⋯⋯⋯⋯⋯5公克

調味料／

鹽⋯⋯⋯⋯⋯⋯⋯⋯⋯⋯⋯1 ¼公克

做法／

1. 紅蘿蔔洗淨後切丁，和毛豆一起汆燙，備用。
2. 雞蛋放入碗內，打勻備用。
3. 起油鍋，倒入沙拉油，先將雞蛋放入炒熟。
4. 再倒入紅蘿蔔、毛豆和玉米粒略炒後，加入鹽調味即可。

養生菠菜

食材／
菠菜 ························80公克
鴻喜菇 ····················10公克
薑絲 ························少許
油 ·························5公克

調味料／
鹽 ·························2 ½公克

做法／
1. 菠菜洗淨後，切成約3公分長段，備用。
2. 鴻喜菇洗淨備用。
3. 起水鍋，將菠菜燙熟備用。
4. 起油鍋，將鴻喜菇、薑絲和鹽拌炒後，倒入菠菜內拌勻即可。

蒜香高麗菜

食材／
高麗菜 ·······80公克
紅蘿蔔 ·······10公克
油 ··········2 ½公克
蒜頭 ·········適量

調味料／
鹽 ··········2 ½公克

做法／
1. 高麗菜洗淨後，用手剝成小片。
2. 紅蘿蔔洗淨切片。
3. 起油鍋，蒜頭拍碎後先放入爆香，再放入紅蘿蔔略炒。
4. 最後放入高麗菜炒熟，以鹽調味即可

山藥排骨湯

食材／
山藥 ··············35公克
豬大骨 ·············適量
薑片 ··············適量

調味料／
鹽 ···············2 ½公克

做法／
1. 豬大骨洗淨後，氽燙去血水。
2. 山藥去皮，洗淨後切塊。
3. 將豬大骨和薑片放入水中熬煮，再放入山藥，待水煮滾，最後以鹽調味。

營養成分分析 熱量／800大卡・蛋白質／34公克・脂肪／24公克・醣類／112公克
六大類食物份數 全穀雜糧類5.5份／豆魚蛋肉類3份／蔬菜類2份／水果類1份／油脂與堅果種子類2.5份

洋蔥燒肉
五穀米飯
套餐

洋蔥燒肉、螞蟻上樹
芹菜炒干絲、薑絲芥藍菜
蘿蔔排骨湯、五穀米飯、蘋果1碟

使用餐盤

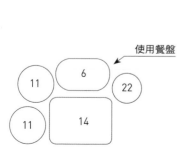

洋蔥燒肉

食材／

豬後腿肉片·······················88公克
洋蔥·······························30公克
蔥段·······························適量
油·······························2 ½公克

調味料／

醬油·······························15公克
糖·······························2 ½公克
鹽·······························1 ¼公克

做法／

1. 起油鍋，將洋蔥先放入炒軟。
2. 放入蔥段略炒香。
3. 接著放入豬後腿肉片炒熟。
4. 最後加入醬油、糖、鹽和1杯水，
   中火燒約5分鐘即可。

螞蟻上樹

食材／

冬粉·······························1/4把
絞肉·······························18公克
豆芽菜·······························10公克
木耳·······························5公克
紅蘿蔔·······························5公克
沙拉油·······························2 ½公克

調味料／

鹽·······························1 ¼公克
豆瓣醬·······························5公克

做法／

1. 冬粉泡水，備用。
2. 豆芽菜洗淨，紅蘿蔔和木耳洗淨切
   絲，備用。
3. 起油鍋，倒入沙拉油，先將絞肉炒
   香，再依序將紅蘿蔔、木耳和豆芽
   菜放入炒熟後，最後放入冬粉炒
   熟，用豆瓣醬和鹽調味即可。

芹菜炒干絲

食材／

干絲⋯⋯⋯⋯⋯⋯⋯⋯20公克
西洋芹⋯⋯⋯⋯⋯⋯⋯40公克
紅蘿蔔⋯⋯⋯⋯⋯⋯⋯10公克
薑絲⋯⋯⋯⋯⋯⋯⋯⋯少許
油⋯⋯⋯⋯⋯⋯⋯⋯2 ½公克

調味料／

鹽⋯⋯⋯⋯⋯⋯⋯⋯2 ½公克

做法／

1. 西洋芹洗淨後，切約長4公分、寬0.5公分條狀；紅蘿蔔洗淨，切絲備用。
2. 干絲洗淨後，汆燙備用。
3. 起油鍋，將薑絲炒香後，倒入紅蘿蔔、西洋芹和干絲炒香，最後用鹽調味即可。

【營養師小叮嚀】

蘋果份量約130公克

薑絲芥藍菜

食材／

芥藍菜⋯⋯70公克
薑絲⋯⋯⋯適量
油⋯⋯⋯⋯2 ½公克

調味料／

鹽⋯⋯⋯⋯2 ½公克

做法／

1. 芥藍菜洗淨後，切成約3公分段狀備用。
2. 起水鍋，將芥藍菜燙熟備用。
3. 起油鍋，將薑絲和鹽拌炒後，倒入芥藍菜內拌勻即可。

蘿蔔排骨湯

食材／

白蘿蔔⋯⋯⋯30公克
豬大骨⋯⋯⋯適量
薑片⋯⋯⋯⋯適量

調味料／

鹽⋯⋯⋯⋯2 ½公克

做法／

1. 豬大骨洗淨後，先汆燙去血水。
2. 白蘿蔔去皮，洗淨後切塊。
3. 取一只湯鍋，放入適量的水，將豬大骨和薑片放進去熬煮，再加入白蘿蔔煮熟，最後以鹽調味。

營養成分分析　熱量／800大卡・蛋白質／34公克・脂肪／24公克・醣類／112公克
六大類食物份數　全穀雜糧類5.5份／豆魚蛋肉類3份／蔬菜類2份／水果類1份／油脂與堅果種子類2份

午晚餐

肉絲蛋炒飯
佐海龍
炒肉絲套餐

肉絲蛋炒飯、海龍炒肉絲
涼拌大頭菜、香菇竹筍湯、火龍果

使用餐盤

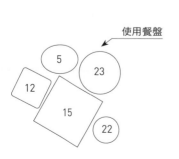

肉絲蛋炒飯

食材／
白米·····················50公克
糙米·····················20公克
雞蛋······················1顆
瘦肉絲···················18公克
毛豆·····················25公克
洋蔥丁···················20公克
紅蘿蔔丁·················10公克
油·······················7 ½公克

調味料／
鹽·······················5公克
醬油·····················1大匙

做法／
1. 白米和糙米洗淨後，電鍋內、外鍋加入1:1的水量，煮成糙米飯。
2. 紅蘿蔔洗淨後切成丁，和毛豆一起汆燙後備用。
3. 起油鍋，將雞蛋炒熟、炒香，加入洋蔥，再放入紅蘿蔔和毛豆炒熟。
4. 最後倒入糙米飯翻炒，以醬油、鹽和少許胡椒調味，拌炒後起鍋。

海龍炒肉絲

食材／
海龍·····················50公克
瘦肉絲···················18公克
九層塔···················10公克
油·······················1/2小匙

調味料／
紅辣椒···················少許
薑片·····················少許
醬油·····················1大匙
糖·······················1小匙

做法／
1. 海龍、九層塔和薑分別洗淨。
2. 紅辣椒洗淨去籽，和薑一樣切菱形片備用。
3. 起油鍋，先放入薑片炒香，再放入瘦肉絲炒熟。
4. 將海龍放入鍋中一起炒。
5. 加入鹽、醬油和糖調味。
6 起鍋前放入九層塔，翻炒後起鍋。

涼拌大頭菜

食材／

結頭菜 ·····························40公克

調味料／

糖 ·······························1/2小匙
鹽 ·······························2小匙
味醂 ·····························1大匙

做法／

1. 結頭菜去皮、洗淨後，切薄片。
2. 加入1½小匙的鹽拌勻，放置約 20～30分鐘至出水，洗去鹽水、瀝 乾。
3. 再加入½小匙鹽、糖和味醂，至少 醃製30分鐘即可。

香菇竹筍湯

食材／

竹筍 ·····························30公克
乾香菇 ···························1公克
豬大骨 ···························適量
香菜 ·····························少許

調味料／

鹽 ·······························1/2小匙

做法／

1. 豬大骨洗淨後，先汆燙去血水。
2. 竹筍去外殼，洗淨後切小塊；香菇 泡水後切絲。
3. 取一只湯鍋，先放入水、豬大骨和 薑片熬煮，再放入竹筍和香菇，最 後以鹽調味，起鍋時放上少許香菜 即可。

營養成分分析　熱量／600大卡・蛋白質／27公克・脂肪／18公克・醣類／82.5公克
六大類食物份數　全穀雜糧類3.5份／豆魚蛋肉類2.5份／蔬菜類1.5份／水果類1份／油脂與堅果種子類2份

鍋燒海鮮烏龍麵套餐

鍋燒海鮮烏龍麵、溏心蛋
什錦蔬菜煮、芭樂

鍋燒海鮮烏龍麵

食材／

烏龍麵·······························180公克
草蝦·································30公克
花枝·································20公克
鯛魚片·······························18公克
牡蠣·································38公克
濕香菇·······························10公克
洋蔥·································20公克
高麗菜·······························30公克
青江菜·······························10公克
紅蘿蔔·······························10公克
蔥段·································適量
油·································7 ½公克

調味料／

鹽·································5公克
胡椒粉·······························適量

做法／

1. 香菇、洋蔥、高麗菜和紅蘿蔔洗淨後，切絲備用。青江菜洗淨，汆燙備用。
2. 所有海鮮洗淨、切好備用。
3. 起油鍋，依序先將香菇和蔥段炒香後，放入紅蘿蔔、洋蔥和高麗菜，炒至快熟時，加入適量的水煮滾。
4. 湯汁煮滾後，放入烏龍麵和海鮮，煮熟後，以鹽和胡椒調味。
5. 最後放上青江菜和溏心蛋即完成。

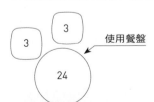

使用餐盤

溏心蛋

食材／

雞蛋·······························1/2顆

調味料／

日式醬油·······························15公克
糖·································2 ½公克
鹽·································1/4小匙
味醂·································1大匙

做法／

1. 將所有調味料加入適量的水中，煮滾後，放冷備用。
2. 冷水中加入少許鹽，再放入雞蛋，水滾後再以大火續滾約5分鐘。
3. 將煮好的雞蛋小心去殼後，放入做法1煮好的醬汁中，冷藏至隔天即可食用。

什錦蔬菜煮

食材／

馬鈴薯······ 45公克		牛蒡······40公克
白蘿蔔······ 40公克		紅蘿蔔··40公克

調味料／

日式醬油·· 1大匙		糖········1/2小匙
鹽··············1/4小匙		

做法／

1. 所有食材洗淨去皮後，全部以滾刀法切成塊狀。
2. 食材與調味料一起放入鍋中，添加能蓋過食材分量的水。
3. 放進電鍋，外鍋加1杯水蒸熟。

營養成分分析 熱量／500大卡・蛋白質／21.5公克・脂肪／15.5公克・醣類／69公克
六大類食物份數 全穀雜糧類3.5份／豆魚蛋肉類2.5份／蔬菜類2份／水果類1份／油脂與堅果種子類2份

Chapter

3

運動健身的成年人

不論是為了健康、身材或是興趣，
成年人在運動前、中、後，適量攝取營養均衡的食物，
能讓運動效果加乘。

諮詢專家：吳映蓉／餐盤設計：舒宜芳

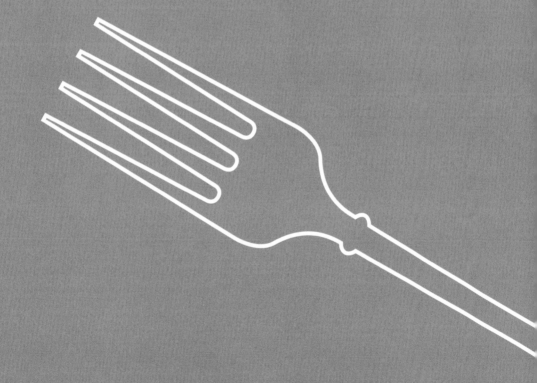

做好營養照護，
運動更有效

　　隨著國人健康意識抬頭，台灣的運動風氣這兩年逐漸盛行！根據教育部體育署所做的「107年運動現況調查」，顯示國人運動的目的主要是「為了健康」，其次則是女性「為了身材」與男性「為了興趣、好玩、有趣」。

　　仔細觀察，身旁熱愛運動的朋友愈來愈多，從健身房、運動中心，到公園廣場，都可以看到人潮聚集的狀況。運動好處多多無庸置疑，但挑選適合的運動種類，以及運動前、中、後細心的營養照護，將對運動產生加乘效益。

「累積」運動，身體健康又快樂

　　臨床上有案例，一位女性回憶自己從學生時期到畢業、結婚、生子都不喜歡運動，直到39歲那一年，她的氣色變得非常差，體態雖瘦卻看來鬆垮，更糟的是，只要稍微一動，就會非常地喘，好幾度，她覺得自己快死了……，擔心罹患心血管疾病，又想著孩子還小不能沒有媽，趕緊就醫，經過醫師診斷確認，身體無恙，唯一的問題就是「缺乏運動」！

　　從此，她頻繁進出健身房，藉由跑步機與重訓積極健身，經過了12年，如今51歲的她，臉色紅潤飽滿，甚至看起來比當年更年輕。

　　據研究顯示，運動對身體的好處實在很多，除了有減肥、瘦身的功效，更能改善心肺能力、預防肌少症、強健骨骼與肌肉、提高新陳代謝、預防失智等。更有強烈證據顯示，運動可降低疾

病的發生，對於已罹病者，
也有明顯的治療成效。

運動333，一週運動3天、
每次30分鐘、每分鐘心跳
達130下。

　　早在1990年代，全球就
開始鼓吹運動，台灣也喊出
「運動333」口號，亦即一週
運動3天，每次30分鐘，每分鐘心跳達到130下。

　　如今，世界衛生組織更提出一個新觀念，就是「累積」運
動。也就是建議成年人一週「累積」中等強度運動150分鐘（比
平常喘、會流汗，例如健走），或是高強度運動75分鐘（很喘、
流很多汗，例如跑步），且每次運動10分鐘以上，以這樣的時間
與活動量，將使我們的身體更健康。

　　這種累積運動的概念，具有時間上的彈性，非常適合成人，
尤其是忙碌的上班族。透過運動，不僅可以變得更健康，增加自
信心，還能增加腦部的血流量，分泌腦內啡、多巴胺等神經傳導
物質，具有降低壓力、抗憂鬱的效用。

運動養肌肉，有助身體新陳代謝

　　有些女性會認為：「運動會長出一塊塊的肌肉，很不好看！
我沒有減肥的需求，不需要運動。」事實上，這樣的觀念已經被
翻轉，身體中的肌肉比例若是增加，會讓人看起來更為緊實，它
猶如一個火力發電廠，在身體裡有個很大的用途，就是「燃燒脂
肪」，幫助新陳代謝，對於促進身體正常代謝有極大的幫助。

人在運動時，肌肉會分泌一種叫做肌肉激素（myokines）的物質，會影響肌肉組織、周邊組織，以及遠端的非肌肉組織，所以，運動不只是「練肌肉」這麼簡單而已，肌肉可說是身體最大的分泌器官，分泌出能影響身體其他器官的訊號物質。

不僅如此，肌肉更會分泌一種預防失智的腦部滋養因子，所以，不只是男生要練肌肉，女性與老年人更要鍛鍊肌肉。

但是，就像飲食必須均衡一樣，運動也要均衡！無論是有氧運動、重訓與伸展，都是很好的選擇，喜歡做運動的人，不可偏廢其中一項，多元嘗試各類型運動，才能提升運動的效益。

所謂的有氧運動是指長時間、強度不高，可以幫助心肺能力的運動，像是快走、游泳、慢跑（或跑步機）、自行車等，做起來有點喘、會流汗，最好是持續30分鐘以上，運動效果更好。

無氧運動最具代表性的就是重訓，藉由身體的力量或是器材，讓肌肉產生負擔，因而刺激腦部，發出「這塊肌肉是有用的」之訊息，以此做到「養肌」的目的。

尤其在30～40歲時，身體肌肉量會往下掉，代謝率也會降低，建議此時可以先找教練指導正確的動作，再開始長期做自我鍛鍊。像是棒式與深蹲，就是很適合居家操作的訓練。

除此之外，伸展也是重要的運動項目，它可以改善關節的活動度、減輕肌肉和關節壓力，幫助放鬆、增加肌肉彈性與線條。在運動前伸展，可降低受傷機會；在激烈運動後伸展，則可降低痠痛。

運動前、中、後的營養補充

運動營養的第一要點，就是運動前不空腹！因為血糖太低很容易暈倒，身體也會分解肌肉來產生能量，所以，千萬不要挨餓運動。

> 重訓後以蛋白質15公克、碳水化合物45公克、總熱量不超過300卡的方式進食，能有效達到「養肌」目的。

此外，在運動過程中及運動後，也應該注意水分及營養的補充，才能從內而外，修補身體所需要的養分，並且促進身體肌肉量的提升，達到鍛鍊肌肉的運動目標。

運動前： 運動前1～2小時，應補充「碳水化合物」，尤其要選擇「低GI」（Glycemic Index，升醣指數）食物，GI值就是食物「造成血糖上升」的指數，當我們攝取低GI食物，血糖會維持在比較穩定的狀態，正常供應身體細胞利用，不會囤積過多脂肪，也就不易變胖。

運動前可以先吃蘋果、全麥吐司、麥片或地瓜等優質低GI食物，至於補充的分量，則是看接下來運動的時間與強度來進行適當的調整。

運動中： 在運動過程中可以隨時補充水分，因為運動時會產生熱能，此時必須透過流汗來散熱，多喝水、多流汗，否則體溫就會過高，造成熱衰竭。

如果大量流汗，則可適時補充運動飲料。市售運動飲料分為

「高滲透壓」、「低滲透壓」，以及「等滲透壓」三種，主要是電解質和糖類的比例不同，汗量大時應該飲用「等滲透壓」運動飲料，補充水分與電解質，如此才不會造成細胞太大的負擔。

運動後：運動後該不該吃東西？許多人以為，運動完吃東西豈不是又變胖，不如忍住飢餓、努力變瘦！

其實，運動完，肌肉攝取養分的能力比脂肪強很多，吃下去的養分大多是去滋養肌肉，而非堆積脂肪，因此，運動後應著重補充蛋白質與碳水化合物。

但重點是，必須把握在運動完後的20～60分鐘的黃金時間內用餐，若是延遲到2～3個小時之後才吃東西，大部分的營養素就不是用來合成肌肉，而是堆積脂肪了。

有些人重訓的目的是為了長肌肉，那麼攝取蛋白質與碳水化合物便更加重要，建議以1：3～1：4的分量搭配，總熱量大約控制在300～400大卡左右。

有些人運動後只喝高蛋白飲品或吃大量蛋白質，以為如此就能養肌肉。其實，單吃效果不大，因為蛋白質的合成需要碳水化合物幫忙，運動後選擇高GI食物，例如：白飯、吐司、貝果等，可以刺激胰島素快一點分泌，而胰島素又會幫助胺基酸進入肌肉組織合成蛋白質，兩者相輔相成，增肌效果更好。

另外，運動後攝取高GI食物還有一個好處，就是讓肌肉中的肝醣回補，可以加速體能的恢復、縮短運動後疲勞的時間，對於有規律運動習慣的成人來說相當重要。

運動愛好者的外食選擇

根據台灣營養基金會對外食族的調查，發現三餐之中，午餐的外食比例最高，達到71％，早餐則有62％的人外食，晚餐的外食人口較低一點，但也仍有49％。

對於喜愛運動的上班族來說，要在運動前、後回家煮飯更不容易，大多選擇就近覓食。因此，重訓過後，可以補充15公克的蛋白質與45公克的碳水化合物，若到超商選購，要養成看包裝上的營養標示的好習慣，自行計算是否接近比例。

建議可以搭配地瓜加上茶葉蛋、牛奶加上鮪魚飯糰，或豆漿加上小餐包等。另外，也可到一般的小吃店點一碗雞肉飯加上蛋花湯；或者在早餐店點一份吐司夾蛋加上豆漿等，都是不錯的飲食選擇。

運動與營養缺一不可，尤其運動前、中、後都要吃好、吃對，才能讓身體更健康，有效幫助男人增肌減脂，幫助女人維持身材不復胖，還能幫助老年人避免肌少症，才能健康地邁向幸福人生。

養肌關鍵：運動前、中、後吃對東西

08:00 ～ 09:00

運動後 60 分鐘內

補充蛋白質、碳水化合物，例如：白飯、吐司、貝果、蛋、肉

07:00 ～ 08:00

運動中

補充水分及電解質

05:00 ～ 07:00

運動前兩小時

補充低 GI 碳水化合物，例如：麥片、地瓜、全麥吐司

鮪魚洋蔥三明治

鮪魚洋蔥三明治、低脂鮮奶1杯

鮪魚洋蔥三明治

食材／

全麥吐司（小方片）	3片
鮪魚	60公克
洋蔥	20公克
玉米粒	少許
沙拉醬	2茶匙

調味料／

黑胡椒………… 適量（可依個人口味決定）

做法／

1. 洋蔥切碎。吐司烤熱。
2. 將鮪魚（可用鮪魚罐頭）、洋蔥末、沙拉醬、玉米粒及適量黑胡椒拌勻，做成鮪魚洋蔥醬。
3. 取兩片烤熱的吐司，分別放上鮪魚洋蔥醬，抹勻。
4. 將做法3的兩片吐司疊起，最上面再蓋上1片吐司即完成。

【營養師小叮嚀】────────────

低脂鮮奶1杯約240c.c.。

使用餐盤

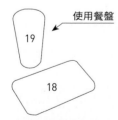

營養成分分析　熱量／515大卡・蛋白質／29公克・脂肪／15公克・醣類／66公克
六大類食物份數　全穀雜糧類3.5份／豆魚蛋肉類2份／蔬菜類0.2份／乳品類1份／油脂與堅果種子類1份

全麥饅頭夾起司蛋

—

全麥饅頭夾起司蛋、無糖清漿1杯

饅頭夾起司蛋

食材／
全麥饅頭（約120公克）⋯⋯⋯⋯⋯⋯1個
起司片 ⋯⋯⋯⋯⋯⋯⋯⋯⋯⋯⋯⋯⋯1片
雞蛋 ⋯⋯⋯⋯⋯⋯⋯⋯⋯⋯⋯⋯⋯⋯1顆
小黃瓜絲 ⋯⋯⋯⋯⋯⋯⋯⋯⋯⋯⋯少許
芥花油 ⋯⋯⋯⋯⋯⋯⋯⋯⋯⋯⋯⋯1茶匙

調味料／
鹽 ⋯⋯⋯⋯⋯⋯⋯⋯適量（可依個人口味決定）

做法／
1. 雞蛋打散加適量鹽，起油鍋煎熟。
2. 饅頭蒸熱，從中間切開，夾入煎蛋、起司片及小黃瓜絲即可完成。

【營養師小叮嚀】─────────────

無糖清漿1杯約280c.c.。

使用餐盤

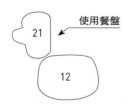

營養成分分析　熱量／573大卡・蛋白質／30公克・脂肪／21公克・醣類／66公克
六大類食物份數　全穀雜糧類4份／豆魚蛋肉類2.5份／蔬菜類0.2份／乳品類0.5份／油脂與堅果種子類1份

午餐

烤鯛魚
黑米飯套餐

———

烤鯛魚、豆皮炒芹菜、甜椒牛肉片
洋菇青江菜、泰國芭樂1/3顆、黑米飯

使用餐盤

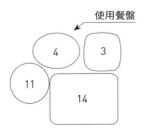

烤鯛魚

食材／
鯛魚片 ·······································53公克

醃料／
鹽 ···1/2茶匙
米酒 ···少許

做法／
1. 以鹽、米酒塗抹鯛魚片正、反面，略醃。
2. 將醃製後的魚片，平鋪在烤盤中。
3. 因鯛魚易熟，烤箱不須預熱，以上、下火各180度，烤10～15分鐘即可取出。

豆皮炒芹菜

食材／
豆皮 ·······································45公克
芹菜 ·······································10公克
芥花油 ·······································5c.c.

調味料／
鹽 ···適量

做法／
1. 芹菜洗淨，去葉切段。
2. 豆皮切長條炒熟，再加入芹菜段略炒，加鹽調味。

甜椒牛肉片

食材／

牛肉片	35公克
紅、黃甜椒	70公克
芥花油	5c.c.

調味料／

醬油	少許
米酒	少許
鹽	適量

做法／

1. 牛肉片以醬油、米酒醃過，起油鍋炒熟，備用。
2. 將紅、黃甜椒切絲，炒軟，拌入炒熟的牛肉片，加適量的鹽調味即可。

洋菇青江菜

食材／

洋菇	10公克
青江菜	100公克
芥花油	5c.c.
蒜末	少許

調味料／

鹽	少許

做法／

1. 洋菇洗淨後，切片備用；青江菜洗淨後，瀝乾水分備用。
2. 熱油鍋，爆香蒜末，放入青江菜及洋菇片炒熟，加鹽調味。

營養成分分析 熱量／685大卡‧蛋白質／36公克‧脂肪／29公克‧醣類／70公克
六大類食物份數 全穀雜糧類3份／豆魚蛋肉類4份／蔬菜類2份／水果類1份／油脂與堅果種子類3份

午餐

燴洋蔥里肌肉片燕麥飯套餐

燴洋蔥里肌肉片、豌豆片炒花枝
蝦仁燒豆腐、蠔油鮮菇高麗菜
燕麥薏仁飯、木瓜 1 碗

使用餐盤

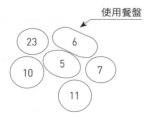

燴洋蔥里肌肉片

食材／

小里肌····················53公克
洋蔥······················35公克
洋菇片····················10公克
芥花油····················5c.c.

調味料／

醬油······················1/2茶匙
太白粉····················少許

做法／

1. 里肌肉切片，熱油鍋，炒熟後盛起備用。
2. 洋蔥去皮切絲。鍋中倒入1小匙油，放入洋蔥、洋菇片翻炒至軟。
3. 將里肌肉加入洋蔥、洋菇片，混合均勻起鍋，淋上醬油、太白粉勾芡做成的醬汁，即可裝盛上桌。

豌豆片炒花枝

食材／

花枝······················60公克
豌豆片····················30公克
木耳······················15公克
胡蘿蔔片··················10公克
芥花油····················5c.c.

調味料／

鹽························少許

做法／

1. 花枝洗淨切片、豌豆片燙熟。
2. 起油鍋炒熟木耳及胡蘿蔔片。
3. 將做法1、2的食材混合拌炒，加鹽調味即可。

蝦仁燒豆腐

食材／
蝦仁·····························50公克
豆腐·····························1/3盒
蔥花·····························少許
水·······························適量
芥花油···························5c.c.

調味料／
米酒·····························少量
醬油·····························少許
鹽·······························少許

做法／
1. 蝦仁以米酒略醃後，炒熟盛起。
2. 豆腐切成方塊狀下鍋，加少許醬油、鹽及少量水煮滾。
3. 將炒熟蝦仁拌入做法2的豆腐，撒上蔥花即可。

蠔油鮮菇高麗菜

食材／
高麗菜···························90公克
香菇·····························10公克

調味料／
蒜末·····························適量
素蠔油···························1.5 毫升

做法／
1. 高麗菜及香菇洗淨，高麗菜切大片、香菇切片。
2. 起一水鍋煮滾，放入高麗菜及香菇片燙熟後撈出，拌入蒜末及素蠔油調味，即可享用。

【營養師小叮嚀】

木瓜1 碗約150 公克。

營養成分分析 熱量／689大卡‧蛋白質／37公克‧脂肪／29公克‧醣類／70公克
六大類食物份數 全穀雜糧類3份／豆魚蛋肉類4.16份／蔬菜類2份／水果類1份／油脂與堅果種子類3份

午餐

雞胸肉涼麵
味噌豆腐湯
套餐

涼麵、水煮雞胸肉
茶葉蛋、生菜沙拉
味噌豆腐湯、香蕉1根

使用餐盤

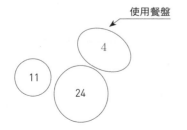

涼麵

食材／

涼麵
（或便利商店1盒涼麵）……約200公克

調味料／

芝麻醬汁……………………少量
日式醬油
（如：柴魚醬油或鰹魚醬油）……適量

做法／

涼麵加少量芝麻醬汁，或只淋日式醬油。

水煮雞胸肉

食材／

雞胸肉……………………………60公克

做法／

1. 雞胸肉以水煮或蒸熟後，剝成細絲備用。
2. 雞絲可加入涼麵中，亦可放入生菜沙拉內。

生菜沙拉

食材／

蘿美生菜·······································55公克
番茄···35公克
小黃瓜·······································10公克

調味料／

鹽···少許
橄欖油·······································5c.c.

做法／

1. 蘿美生菜、番茄和小黃瓜洗淨，生菜剝成片狀，番茄和小黃瓜切片。
2. 將生菜、番茄片、小黃瓜片擺在盤內，灑少許鹽並淋上橄欖油，即可食用。

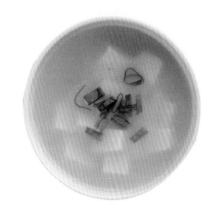

味噌豆腐湯

食材／

豆腐···1/3盒
蔥花···少許
柴魚片·······································少許

調味料／

味噌···少許

做法／

1. 起一水鍋將水煮滾，放入味噌攪拌散開。再放豆腐、柴魚片煮滾。
2. 最後撒上蔥花，即成味噌湯。

【營養師小叮嚀】

1. 若在便利商店買現成的涼麵，醬汁請減半使用或只加日式醬油調味包。
2. 除了雞胸肉要自備處理外，涼麵、茶葉蛋、生菜沙拉及香蕉，均可在便利商店購買。
3. 若在便利商店購買生菜沙拉，盡量減少醬汁用量。
4. 此午餐營養成分分析，並未計入醬汁熱量。

營養成分分析 熱量／655大卡・蛋白質／34公克・脂肪／19公克・醣類／88公克
六大類食物份數 全穀雜糧類3.5份／豆魚蛋肉類3.66份／蔬菜類1份／水果類2份／油脂與堅果種子類1份

晚餐

香菇雞腿
紅藜糙米飯
套餐

———

滷香菇雞腿、百頁結燒紅白蘿蔔丁
蒜香菠菜、小白菜秀珍菇蛋包湯
紅藜糙米飯、柳丁1顆

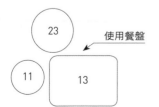

23

使用餐盤

11　　13

滷香菇雞腿

食材／

雞腿 ··80公克
香菇 ·····························3朵（約5公克）

調味料／

醬油 ··適量
糖 ···5公克
蔥 ···少許
薑 ···少許
八角 ··適量

做法／

1. 雞腿汆燙，香菇洗淨泡軟，備用。
2. 取一只鍋，加入醬油、糖、蔥、薑、八角和適量的水，煮滷汁。
3. 滷汁煮滾後，再放入雞腿、香菇，加水蓋過食材。
4. 水滾後轉小火滷15～20分鐘，並浸在滷汁中2小時至入味。

百頁結燒紅白蘿蔔丁

食材／

百頁結 ···50公克
紅蘿蔔丁 ···15公克
白蘿蔔丁 ···25公克
芥花油 ···5c.c.

調味料／

鹽 ···適量

做法／

1. 在鍋內加入5c.c.油，並將百頁結和紅、白蘿蔔丁倒入。
2. 加鹽調味後，加適量水，讓蘿蔔丁燒軟即可。

蒜香菠菜

食材／
菠菜 ·······················100公克
芥花油 ······················5c.c.

調味料／
蒜末 ························少許
鹽 ·························少許

做法／
1. 菠菜洗淨，切段備用。
2. 取一只炒鍋，加入油及蒜末爆香，
　 將菠菜炒至軟，加鹽調味即可。

小白菜秀珍菇蛋包湯

食材／
小白菜 ······················15公克
秀珍菇 ······················20公克
筍片 ·······················10公克
雞蛋 ·························1顆

調味料／
鹽 ·························適量

做法／
1. 起水鍋，水滾關火放入蛋，等蛋白
　 遇熱凝固，做成蛋包備用。
2. 另取一只鍋，放入適量的水，將秀
　 珍菇、筍片與小白菜煮熟，放入蛋
　 包，加鹽調味。

| 營養成分分析 | 熱量／658大卡・蛋白質／36公克・脂肪／26公克・醣類／70公克 |
| 六大類食物份數 | 全穀雜糧類3份／豆魚蛋肉類4份／蔬菜類2份／水果類1份／油脂與堅果種子類2份 |

鮭魚鮮蝦蒜香義大利麵

———

鮭魚鮮蝦蒜香義大利麵
蛤蜊薑絲湯、奇異果 1 顆

鮭魚鮮蝦蒜香義大利麵

食材／

義大利麵（乾）……………80公克
鮭魚…………………………70公克
白蝦………………………2～3隻
番茄…………………………75公克
鴻喜菇………………………15公克
蒜片…………………………10公克
巴西里………………………少許
橄欖油………………………10c.c.

調味料／

鹽………………………1/3茶匙
黑胡椒………………………適量

做法／

1. 番茄洗淨，切丁備用。
2. 鍋內倒入橄欖油爆香蒜片，再加入番茄丁、鴻喜菇煮熟，加鹽、黑胡椒調味，做成醬汁。
3. 鮭魚切片煎熟，白蝦燙熟。
4. 將義大利麵放入滾水煮熟，撈起瀝乾水份備用。
5. 煎鮭魚、熟白蝦放在麵上，淋上做法 2 的醬汁，撒上巴西里即可。

蛤蜊薑絲湯

食材／

蛤蜊…………………………80公克
薑絲…………………………少許

調味料／

鹽……………………………少許
米酒…………………………少許

做法／

1. 取一只湯鍋，倒入水煮開，水滾後放入薑絲及蛤蜊。
2. 待蛤蜊打開，加米酒及鹽調味，即可完成。

【營養師小叮嚀】

奇異果1顆約125公克。

使用餐盤

23
25

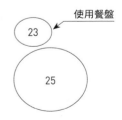

營養成分分析　熱量／672大卡・蛋白質／34公克・脂肪／24公克・醣類／80公克
六大類食物份數　全穀雜糧類4份／豆魚蛋肉類3.5份／蔬菜類1份／水果類1份／堅果種子油脂類2份

Chapter

4

體重控制的成年人

將 BMI 值結合腰圍、體脂肪,做全方位體位評估;
同時,以飲食減輕體重、以運動維持體重,
避免慢性疾病找上門。

諮詢專家:簡怡雯/餐盤設計:鄭佾琪

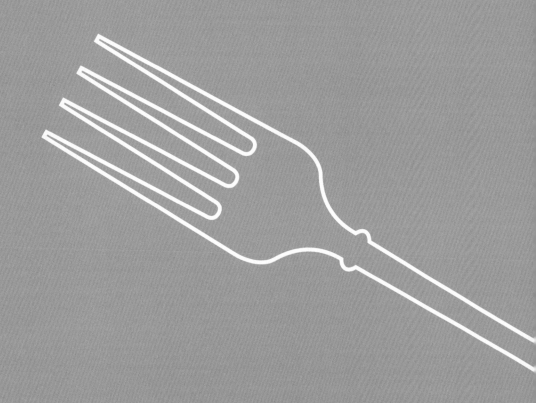

瘦身關鍵要素
飲食控制、適當運動

　　「我該減肥了！」這樣的念頭，是不是經常浮現在你的腦海？尤其每次年節假期聚餐、大魚大肉後，穿上衣服的那一刻，總感到無限懊悔與無奈！又或者嘴巴上天天嚷嚷要減肥，但無論怎麼做，總是事與願違、甚至愈減愈肥？

　　事實上，減肥之道無他──唯飲食與運動而已。

找出體重分級與腰臀比

　　減肥第一步，絕非盲目上網搜尋減肥經驗、聽信偏方！要先診斷出自己的身體質量指數，找出所在的體重分級，再以此級數做出有效可行的策略，才是王道。

　　BMI值：所謂的BMI值（Body mass index）是體重與身高的比例，體重是身體健康的指標，由此結果來判斷是否屬於肥胖。

　　依照台灣的標準，BMI值落在18.5到23.9之間，屬於正常範圍，亦即為合乎標準體重。若大於24就是過重，大於27是輕度肥胖，大於30是中度肥胖，大於35則屬重度肥胖。當BMI大於40，透過少吃、多動仍無法減重者，可藉由腹腔鏡微創手術來幫助減肥。過去曾有位女性民眾，身高174公分、體重119公斤，BMI高達39.3，屬於重度肥胖。雖然行動還算敏捷，卻經常感到椎間盤疼痛，工作時也感到吃力。經醫師多方評估後，選擇了接受腹腔鏡微創胃縮小手術，搭配術後營養諮詢，調整了生活型態，並增加活動量，體重才逐漸減少，增加自信。

　　腰臀比：腰臀比指數檢測（waist-hip ratio）是另一個減重者須

成年人肥胖定義表

BMI＜18.5	18.5≦BMI＜23.9	24≦BMI＜26.9	27≦BMI＜29.9
體重過輕	正常範圍	過重	輕度肥胖

30≦BMI＜34.9	35≦BMI＜39.9	BMI≧40
中度肥胖	重度肥胖	病態性肥胖

資料來源：衛生署食品資訊網／肥胖及體重控制

參考重要指標，腰臀比是腰圍（公分）/ 臀圍（公分）的比例。

　　量腰圍時，可先將雙腳併攏，腹部肌肉放鬆，手臂自然放在兩側，保持正常呼吸，用無彈性的捲尺測量肋骨以下、肚臍以上之身體最細的位置，此為腰圍長度；接著，再測量臀部最寬的位置。將腰圍的公分數除以臀圍，即為腰臀比。

　　男性腰圍超過 90 公分（約 35.5 吋），女性腰圍超過 80 公分（約 31 吋），即可稱為肥胖。當男性腰臀比超出 0.9、女性腰臀比大於或等於 0.85 時，很容易罹患心血管疾病、高血壓、動脈粥狀硬化、糖尿病、高血脂症等慢性病。

　　若是 BMI 值正常，但屬於腰圍過粗的中廣身材（或稱蘋果形身材），為了健康的考量，也必須要努力減脂、增肌。

　　舉例來說，有兩位成年男子的身高皆是 191 公分，體重分別為 91 公斤與 92 公斤，僅僅相差 1 公斤，外型卻差很大！他們雖然擁有相近的 BMI 值，但是，結合腰圍、體脂肪等全方位的體位評估，才能真正掌握每個人的身體密碼，為將來可能導致的慢性疾病，做進一步的風險管理。

要減肥也要吃，避免溜溜球效應

　　在減重的過程中，有一個重要的觀念：減輕體重靠飲食，維持體重靠運動！有些人以為大量運動，例如慢跑、游泳，就能順利減輕體重！事實上，如果沒有加上飲食的控制，單純靠運動減肥，效率並不好。最好的例子就是，吃一片 300 大卡的蛋糕，我

們只要花費 10 分鐘，但卻要跑步 1.5 小時才能抵銷熱量。

因此，減重期應以「飲食控制」為主、「運動」為輔，簡單來説，就是七分靠飲食、三分靠運動。

吃一片蛋糕只要10分鐘，卻要跑步90分鐘才能消耗完熱量。

有些人減重，都會經歷所謂的「溜溜球效應」，這是指減重者吃得太少，雖然變瘦，但卻是靠身體分解肌肉來產生能量，一旦肌肉減少，基礎代謝率下降，熱量的消耗也會變少。

等到自以為減重成功，恢復正常飲食後，攝取的脂肪又囤積在體內，導致再度復胖，只好用更嚴格的飲食控制來減肥……，這種惡性循環，反覆增、減體重的過程，就稱為「溜溜球效應」。

想要避免這樣的情況，減重者要先有個觀念──熱量的攝取，必須要小於熱量的消耗。其次，六大類營養素必須要均衡攝取，包括會產生熱量的蛋白質、醣類、油脂，以及能幫助代謝的維生素、礦物質與水分，缺一不可。

根據國健署所提供的每日飲食指南，減重者每天攝取全穀雜糧類的分量，應占飲食量的 1/3；蔬菜與水果也是 1/3，注意蔬菜應比水果多，大約是 3:2 的比例攝取；最後 1/3 則是含有蛋白質的豆魚蛋肉類與乳品類，加上每日一匙的堅果油脂，還需要搭配充足水分與運動，才能建立健康減重的基礎。

根據營養學的熱能轉換研究指出，約每燃燒 7700 大卡，就能減少 1 公斤的脂肪；相反的，若多攝取 7700 大卡，身體便會

轉化能量成為 1 公斤的脂肪囤積在體內。

　　當然，減重絕不是數字上的加減，更重要是採取正確飲食。例如同樣熱量的垃圾食物與健康食物，垃圾食物更容易發胖，唯有均衡飲食與充足營養素，才可以在減重過程中，維持良好的精神與氣色等。

　　至於減重期的運動，建議以幫助燃燒脂肪的有氧運動為主。維持期的運動則以增加肌肉的無氧運動及肌力訓練為主，肌肉一旦增加，新陳代謝的速度自然提升，亦有助於維持體重的成效。

改變飲食順序，學會外食選擇

　　減肥期飲食的另一項重點，就是「改變飲食順序」。通常，肚子餓了，就會產生想吃的慾望，也很容易亂吃，所以建立正確的飲食順序顯得非常重要！

　　首先，吃東西前先喝一大杯水，可以占據胃部空間，先欺騙肚子，讓它感覺沒那麼餓了；其次，則是吃低熱量蔬菜，藉由大量的膳食纖維，提供飽足感，也減少些許脂肪吸收；接著再吃蛋白質，能幫助肌肉合成，維持新陳代謝；最後才吃全穀根莖類的米飯、麵食等。

　　為了讓自己不要那麼快就想配米飯，可以選擇少鹽、少調味的菜餚，才不容易一口飯、一口菜，破壞進食順序；而且少鹽、少糖也可幫助身體健康，減少慢性疾病的發生。

　　減肥期最好的外食選擇，就屬自助餐。因為自助餐選擇多，

多樣化的蔬菜勝於麵攤與便利商店，是減重者的首選。

　　而選擇上，可以有些技巧，例如多取用不同顏色的蔬菜，也就是「彩虹飲食」，提供身體豐富的植化素。盡量夾上方的菜，避免過多油鹽，並瀝乾湯汁。捨棄炸物，選擇蒸、煮、燙、滷的食物。餐盤中可以放半盤蔬菜，挑一份半葷半素的菜餚，再加上一份豆類、魚類或蛋類。米飯可選擇糙米，避免精緻澱粉。

　　若是選擇便利商店，除了先觀察營養標示與熱量之外，可以搭配蔬菜沙拉、無糖豆漿、茶葉蛋、鮮奶、地瓜、香蕉等，都是很好的飲食及營養來源。

　　此外，減重期一定要喝充足水分並戒掉喝手搖飲的習慣，通常一杯手搖飲正常糖量，就超過一碗飯的熱量。過多的糖分，進入身體後會轉化成脂肪，除了發胖，還會提高罹患糖尿病的風險。

減肥期別忘了補充營養素

　　常聽到有人說：「我太胖是因為營養過剩！」其實這是一種錯誤的概念，無論是過胖或過瘦，都是一種營養不良的狀態，而對於減重的人來說，飲食控制固然重要，但吃得對、吃得營養，更是決定減肥是否能成功的關鍵因素，減重期特別需要補充的營養素有以下幾種。

　　維生素 B 群：維生素 B 群是身體中可以幫助新陳代謝，並促進能量轉換的重要輔酶。在代謝過程中，它可幫助醣類、脂質、蛋白質轉化成能量燃燒，只要有足夠的 B 群，碳水化合物就能順利地

被利用，還能促進蛋白質進行建造
與修補組織的功能，避免脂肪堆積。

太胖不是營養過剩，
其實是營養不良。

維生素 C：根據研究指出，血
液中的維生素 C 含量多寡，與燃燒
脂肪的能力有直接關係，還可改善脂肪的代謝。

此外，維生素 C 也是膠原蛋白形成原料，攝取含有維生素 C
的蔬果，在減肥時，肌膚比較不容易失去彈性與光澤，瘦身後的
肌膚也比較不會乾澀與黯沉。富含維他命 C 的食物為水果與蔬菜
莫屬，減重期可多選擇芭樂、奇異果、番茄等水果，以及彩椒、
花椰菜、綠豆芽、空心菜等蔬菜。

水溶性膳食纖維：水溶性膳食纖維不僅可以改善減重期常見
的便秘問題，還具有吸附少量油脂和膽固醇的獨特能力。適度食
用藻類、菇類、黑棗、酪梨等富含水溶性膳食纖維食物，可以將
食物中的脂肪與膳食纖維一起排出體外，降低脂肪囤積在體內。

鈣質：根據《英國營養學期刊》的研究指出，足夠鈣質攝取
有助於「抑制食慾」，讓想減重的人比較容易達到目標。在研究
中，鈣量不足的女性補充鈣片後，減掉的體重是同樣鈣量不足且
沒有補充鈣片女性的 4 倍。研究人員認為，當體內沒有足夠的鈣，
腦部會產生飢餓的代償感覺，讓人更想多吃食物。

因此，建議想減重的人，除了注意熱量攝取、保有運動習慣，
也要多攝取膳食纖維、選擇優質的蛋白質與碳水化合物。另外，
適當補充鈣質，例如牛奶、起司、豆類、小魚乾、深綠色蔬菜等，
也都可為減重助上一臂之力。

美味雞肉三明治

———

雞肉三明治、金黃奇異果1顆

雞肉三明治

食材／
全麥吐司......................2片（去邊後75公克）
清雞腿肉..............70公克（約一手掌大小）
大番茄................70公克（約1/2個拳頭大）
小黃瓜..30公克
萵苣..50公克

調味料／
花生醬..5公克

醃料／
醬油..1小匙
味酥..1小匙

做法／
1. 大番茄、小黃瓜及萵苣洗淨後，沖食用水，切片備用。
2. 烤箱以200度預熱5分鐘，雞肉以醃料醃5分鐘，攤平於烤盤紙上，放入烤箱以200度烤20分鐘；全麥吐司烤1分鐘，備用。
3. 吐司抹上花生醬，分別夾入雞肉、大番茄片及小黃瓜，即可食用。

使用餐盤

15

【營養師小叮嚀】

奇異果1顆約82公克。

營養成分分析　熱量／464大卡・蛋白質／24公克・脂肪／13.7公克・醣類／61.1公克
六大類食物份數　全穀雜糧類3份／豆魚蛋肉類2份／蔬菜類1.5份／水果類1份

10分鐘法式早餐

法式吐司、小番茄 1 碗

法式吐司

食材／

鮮奶吐司厚片························50公克（約1片）
雞蛋·····························30公克（約1/2個）
低油鮪魚·························50公克（約3湯匙）
花椰菜······························· 100公克
玉米筍·························50公克（約5根）

調味料／

草莓果醬····························· 10毫升
鹽······································少許

做法／

1. 花椰菜及玉米筍洗淨切塊，燙熟後，加少許鹽調味，備用。
2. 不沾鍋以中火熱鍋，將蛋液打散，吐司雙面快速沾上蛋液後煎熟。
3. 法式吐司、蔬菜、鮪魚與果醬擺盤，即可食用。

【營養師小叮嚀】

小番茄1碗為180公克，約14～16顆。

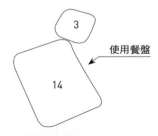

使用餐盤

營養成分分析	熱量／442大卡・蛋白質／23.9公克・脂肪／15.3公克・醣類／52.1公克
六大類食物份數	全穀雜糧類2份／豆魚蛋肉類2份／蔬菜類1.5份／水果類1份

彩椒豆皮肉絲佐香菇小松菜

彩椒豆皮肉絲
香菇小松菜

彩椒豆皮肉絲

食材／

豬後腿肉絲·····················35公克
豆皮·····························1片
彩椒···········50公克（紅、黃各半）
薑絲···························5公克
大豆油·························5毫升
開水··························10毫升

調味料／

鹽·····························少許

醃料／

醬油···························1小匙
味醂···························1小匙

做法／

1. 彩椒洗淨切條，備用。
2. 肉絲、薑絲與醬油、味醂混勻後醃5分鐘，豆皮切條備用。
3. 不沾鍋放入5毫升大豆油，大火快炒肉絲，加入豆皮、彩椒及10毫升開水，蓋上鍋蓋悶30秒，開鍋翻炒30秒後關火，用鹽調味後盛盤。

香菇小松菜

食材／

香菇··························20公克
小松菜························80公克
大豆油·························5毫升
薑絲···························5公克

調味料／

鹽·····························少許

做法／

1. 香菇、小松菜洗淨後，香菇切片，備用。
2. 熱鍋，以油爆香薑絲，放入小松菜及香菇，大火快炒後，以鹽調味盛盤。

使用餐盤

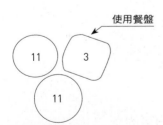

營養成分分析　熱量／477大卡・蛋白質／21.1公克・脂肪／15.6公克・醣類／63公克
六大類食物份數　全穀雜糧類3份／豆魚蛋肉類2份／蔬菜類1.5份／油脂與堅果種子類2份

養生雞湯麵佐菠菜套餐

養生雞湯麵、敏豆莢豆干

養生雞湯麵佐菠菜

食材／
鍋燒麵 ······························180公克
雞腿肉 ······························35公克
菠菜 ······························100公克
薑 ······························5公克

溫性中藥／
黃耆 ······························3公克
紅棗 ······························4公克
枸杞 ······························3公克

調味料／
鹽 ······························少許

做法／
1. 雞腿肉切塊，備用。
2. 電鍋外鍋放2碗水，內鍋放入1碗開水、雞肉塊及溫性中藥，以電鍋蒸20分鐘。夏季天熱時，湯底可放涼使用，做成涼麵。
3. 鍋燒麵放入開水中煮熟，撈起麵條，放入做法2的雞湯中，即成養生雞湯麵。
4. 菠菜及薑洗淨，菠菜切段、薑切片，以滾水燙熟後，加入湯麵中，以鹽調味即可食用。

敏豆莢豆干

食材／
敏豆莢 ······························50公克
豆干 ······················30公克（3/4片）
紅蘿蔔 ······························20公克
薑 ······························5公克
開水 ······························15毫升

調味料／
大豆油 ······························5毫升
鹽 ······························少許

做法／
1. 豆干切條。敏豆莢、紅蘿蔔、薑洗淨，敏豆莢切段，紅蘿蔔和薑切絲。
2. 熱鍋，以油爆香薑絲，再放下敏豆莢及紅蘿蔔大火快炒後，加入豆干及15毫升開水，蓋上鍋蓋悶30秒，開鍋翻炒30秒後關火，以鹽調味後盛盤。

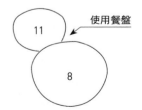

使用餐盤

11

8

營養成分分析　熱量／417大卡・蛋白質／24.8公克・脂肪／11.9公克・醣類／52.7公克

六大類食物份數　全穀雜糧類3份／豆魚蛋肉類2份／蔬菜類1.5份／油脂與堅果種子類1份

鮭魚蓋飯

—

鮭魚蓋飯

食材／

白飯 ·· 120公克
鮭魚 ·· 50公克
毛豆 ·· 30公克
甘藍菜 ·· 60公克
鴻喜菇 ·· 30公克
紅蘿蔔 ·· 10公克
豌豆莢 ·· 80公克

調味料／

鹽 ··· 少許
油 ··· 5毫升

醃料／

醬油 ·· 1小匙
味醂 ·· 1小匙
薑 ··· 5公克

做法／

1. 蔬菜洗淨，高麗菜切絲、紅蘿蔔切扇形。豌豆莢燙熟，以鹽調味備用。鮭魚以醃料醃5分鐘。
2. 不沾鍋熱鍋後，放下鮭魚乾煎，煎至表面熟，備用。
3. 熱油鍋放5毫升油，將甘藍菜、鴻喜菇、紅蘿蔔、毛豆炒熟，加鹽調味後和豌豆莢一起做成配菜。
4. 先鋪上做法3的配菜於白飯上，再放上鮭魚，一起食用。

使用餐盤

23

營養成分分析　熱量／465大卡・蛋白質／24.5公克・脂肪／9.3公克・醣類／70.8公克
六大類食物份數　全穀雜糧類3份／豆魚蛋肉類2份／蔬菜類1.5份／油脂與堅果種子類1份

外食壽司簡餐

握壽司6個：鰻魚、花枝
鱸魚、鮭魚、旗魚、干貝
海帶芽味噌湯、胡麻花椰菜、烤杏鮑菇

日式簡餐

食材／

握壽司‥‥‥‥‥‥‥‥‥‥‥‥‥‥‥‥‥‥‥‥‥‥‥‥6個
　　　　鰻魚、花枝、鱸魚、鮭魚、旗魚、干貝
海帶芽味噌湯‥‥‥‥‥‥‥‥‥‥‥‥‥‥‥‥‥1份
烤杏鮑菇‥‥‥‥‥‥‥‥‥‥‥‥‥‥‥‥‥50公克
胡麻花椰菜或胡麻菠菜‥‥‥‥‥‥‥‥‥‥100公克

調味料／

嫩薑‥‥‥‥‥‥‥‥‥‥‥‥‥‥‥‥‥‥‥‥10公克
醬油‥‥‥‥‥‥‥‥‥‥‥‥‥‥‥‥‥‥‥‥1小匙
胡麻醬‥‥‥‥‥‥‥‥‥‥‥‥‥‥‥‥‥‥‥1小匙

【營養師小叮嚀】

1. 日式餐點多為生食、燒烤、蒸、煮方式供應，注意
   食材及分量選擇，可以吃得很健康。
2. 生食的食材可多選中低脂之蛋白質來源，高脂少選
   或以一種為限。
   中低脂：花枝、干貝、蝦、青甘、鱸魚、旗魚、鮭
   　　　　魚、鰻魚，蛋品、豆腐等。
   高脂：鰭邊肉、蟹膏、油魚等。

使用餐盤

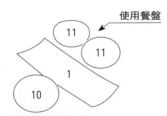

營養成分分析 熱量／385大卡‧蛋白質／24.9公克‧脂肪／7.4公克‧醣類／54.5公克
六大類食物份數 全穀雜糧類3份／豆魚蛋肉類2份／蔬菜類1.5份／油脂與堅果種子類1份

外食火鍋餐

———

白飯、火鍋

火鍋全餐

食材／

玉米································30公克
芋頭································30公克
雞胸肉薄片··························60公克
雞蛋··························55公克（1顆）
高麗菜······························80公克
青江菜······························40公克
金針菇······························30公克

調味料／

醬油·······························2小匙
大蒜·······························10公克

做法／

1. 大蒜拍碎，加醬油做成火鍋沾料。
2. 起水鍋，不加任何佐料，待水煮滾，將
   所有食材放入滾水煮熟，即可食用。

【營養師小叮嚀】

1. 火鍋多為水煮，湯底選用較低熱量的清高湯，每餐
   約不超過1/2碗。同時選擇低熱量醬汁，如醋、醬油
   等取代沙茶蛋黃醬，一樣健康。
2. 避免食用加工火鍋料。
3. 湯底可分為：
   高熱量湯底—麻辣湯、豆漿湯、牛奶湯。
   低熱量湯底—藥膳湯、柴魚昆布湯、番茄湯。

使用餐盤

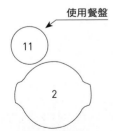

營養成分分析　熱量／505大卡・蛋白質／25.1公克・脂肪／13.1公克・醣類／71.6公克
六大類食物份數　全穀雜糧類3份／豆魚蛋肉類3份／蔬菜類1.5份

Chapter

5

孕育生命的媽媽

準媽媽在懷孕期間，除了定時用餐，
均衡攝取六大類食物外，還要做好體重控制，
避免胎兒及孕婦體重過重，造成孕期或生產風險。

諮詢專家：陳怡君／餐盤設計：蘇秀悅

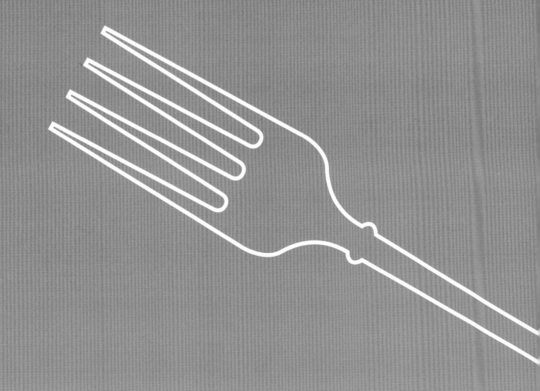

聰明控制體重，
寶寶更健康

　　懷孕令人欣喜，不只準爸媽開心，兩方家庭都歡樂，通常一得知懷孕，孕婦便很自覺地努力吃吃喝喝，長輩們也開啟「一人吃兩人補」模式，務求將孕婦養得珠圓玉潤，以便生下白白胖胖的孫兒。

　　然而，懷孕不等於大吃大喝，孕期飲食首要之務，就是體重控制！

吃得好吃得巧　孕期不超重

　　孕婦營養充足是胎兒發育健康的重要關鍵，但孕期體重控制很重要，孕婦過重或胎兒過重，都會造成孕期及生產中的風險。因此，準媽媽的飲食不可不慎，要吃得好、吃得飽，但熱量不可超標。

　　一般來說，懷孕分三期，孕期第一期（0 至 3 個月）體重只能增加 1 至 2 公斤，第二期（4 至 6 個月）與第三期（7 個月至出生），體重增加最多各 5 公斤，整個孕期可以增加 10 到 14 公斤，但前提必須是：準媽媽懷孕前，處於標準體重狀態，如果孕前已超重，就不能增加到 14 公斤。

　　孕吐通常都發生在懷孕初期，不少孕婦在第一期因孕吐嚴重而吃得少，擔心影響胎兒發育。其實，懷孕第一期胚胎還在細胞分裂階段，需要的營養不多，準媽媽即使無法進食，也不致於影響胎兒，不必過於憂慮，即使體重沒增加也沒關係。

　　第二期增加的體重，主要是儲存在媽媽身上，這是為產後育兒做準備，所以此時準媽媽會發現自己身上脂肪多了、乳房也變大了。孕期到了第三期，才真的是為胎兒而吃，此時吃下去的營養，大部分都會被胎兒吸收，所以要小心不要超重，因為吃得多、胎兒就大得快，胎兒太大，就會增加生產風險。所以懷孕最後一個月每週一次的產檢，醫師一定會留意孕婦體重增加的情況。

　　從懷孕四個月起到產前，準媽媽的體重最好控制在每週增加0.5公斤就好，體重增加與熱量大有關係，孕期第一期原則上不必增加熱量攝取，多吃無益。第二期及第三期每天增加300大卡（一碗飯約280大卡），從孕前的每天2000大卡增加到2300大卡。

　　從大原則來看，孕期著重飲食均衡，每天都要吃到六大類食物（全穀雜糧類、蔬菜類、水果類、豆魚蛋肉類、乳品類、油脂與堅果種子類），其中，蔬果量一定要夠，如果不足，懷孕後期容易便秘。懷孕第二、三期則要注意蛋白質的攝取，一定不可以缺乏，因為此時是胎兒長肉階段，而優質蛋白質的來源有豆、魚、肉、蛋等。

　　其中，從豆製品如豆腐、豆干還可獲取鈣質，幫助胎兒骨骼及牙齒生長，媽媽也能預防抽筋、骨質疏鬆及妊娠高血壓發生。吃魚則可以攝取有助胎兒腦部發育的DHA。台灣是海島，漁產豐富、吃魚方便，但漁產品有重金屬污染的問題，孕婦吃魚要留意漁產品來源，建議盡量避免食用鯊魚、旗魚、鮪魚、油魚等。

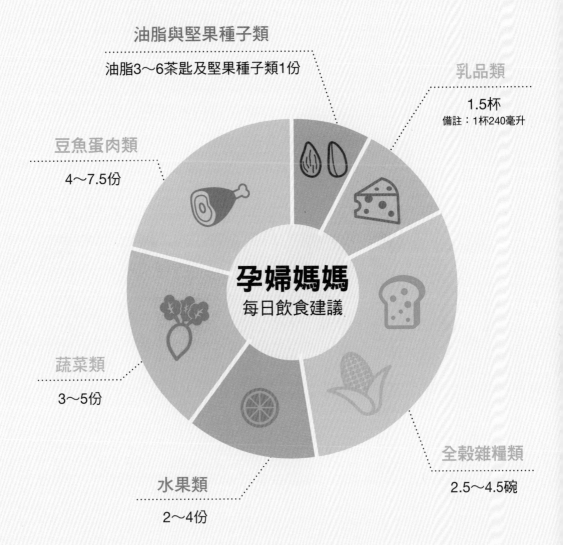

油脂與堅果種子類
油脂3～6茶匙及堅果種子類1份

乳品類
1.5杯
備註：1杯240毫升

豆魚蛋肉類
4～7.5份

孕婦媽媽
每日飲食建議

蔬菜類
3～5份

全穀雜糧類
2.5～4.5碗

水果類
2～4份

資料來源：衛生福利部國民健康署

　　另外，全孕期都要適當補充水份，以常溫白開水或溫開水為佳，尤其原本就有便秘問題的孕婦，更要留意多喝水。孕期勿喝含咖啡因及酒精的飲品，含糖飲料熱量高又沒有營養，喝了只會增加體重，更是不碰為佳。不少準媽媽認為鮮榨果汁好喝又能補充維他命，但如果飲食已攝取足夠熱量，則不建議喝新鮮果汁，因為很容易吃到超量的糖份跟熱量。

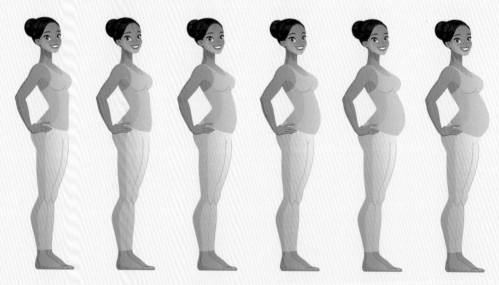

孕期	第一期（0～3個月）	第二期（4～6個月）
熱量攝取	2000 大卡	2300 大卡
建議體重	增加 1～2 公斤	增加 5 公斤
建議特別補充	葉酸、碘、鐵	蛋白質、葉酸、碘、鐵

葉酸、碘、鐵　胎兒發育三寶

　　除了飲食均衡，攸關胎兒發育的營養素葉酸、碘及鐵，是孕期中要格外留意補充的營養素及礦物質，一定要攝取足夠。

　　根據國民健康署 2014 年至 2017 年度「國民營養健康狀況變遷調查」報告顯示，台灣 15 歲至 49 歲的育齡婦女中，有 7.9%血清葉酸濃度低於世界衛生組織（WHO）建議的正常葉酸濃度下

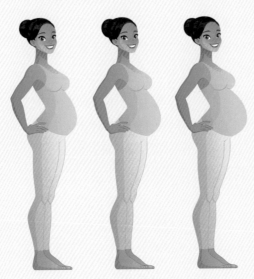

第三期（7～9 個月）

2300 大卡

增加 5 公斤

蛋白質、葉酸、碘、鐵（增加至 45 毫克）

備註：
1. 國健署針對孕產期女性熱量攝取建議：
　 活動強度低建議攝取 1500 大卡熱量
　 活動量適度建議攝取 1950 大卡熱量
　 活動強度高建議攝取 2150 大卡熱量
2. 整個孕期建議增加 10 到 14 公斤為宜，
　 若孕前已超重，就不能增加到 14 公斤。

限 6ng ／ ml；37.6%尿液碘濃度低於世界衛生組織所建議的碘營養充足標準下限 100μg ／ L；19.5%則有貧血狀況，血紅素濃度小於 12g ／ dL，血清濃度不足。

懷孕初期不知道自己肚子裡已經有寶寶的準媽媽大有人在，育齡女性最好在計畫生育時未雨綢繆，開始補充孕期需要的特殊營養素。

葉酸：懷孕前三個月胚胎細胞快速分化，身體組織、器官與中樞神經系統逐漸成形，葉酸是幫助胎兒腦部中樞神經發展的重要營養素，而胎兒腦部和中樞神經系統在懷第三週（也就是甫受孕）就開始發育。懷孕前四週如果母體葉酸不足，會增加胎兒神經管缺陷的風險，可能造成胎兒腦及脊髓先天性神經病變，比如脊椎裂、神經管畸形，甚至無腦，更嚴重則是造成死胎或流產。

葉酸對胎兒重要，對準媽媽也重要，孕婦缺乏葉酸的影響是貧血，容易感覺疲勞及虛弱。由於準媽媽大多懷孕一個多月之後，才知道自己懷孕了，所以最好在準備懷孕時即開始補充葉酸，每日攝取 400 微克，懷孕後每日攝取 600 微克。

要特別注意的是，全孕期都要補充葉酸，富含葉酸的天然食物有深綠色葉菜、柑橘類水果、豆製品、瘦肉、動物肝臟等。而葉酸雖然重要，但其實只要飲食均衡，從天然食物中即可攝取足夠的量，孕婦不必另外補充葉酸片，以免攝取超量，因為葉酸過量會壓抑維他命 B12 缺乏造成的貧血症狀，對準媽媽及胎兒反而不好。

碘：碘也是胎兒腦部發育的重要營養素，缺碘可能造成新生

兒智能發展不足、生長遲緩、呆小症、聾啞等。另外，碘是合成甲狀腺素不可缺少的營養素，對準媽媽同樣重要，孕婦缺碘容易覺得疲倦、怕冷，並導致甲狀腺腫大，還可能造成流產、死胎、胎兒先天性畸形、增加週產期死亡率的可能。

和葉酸一樣，碘在孕前即須攝取足夠，育齡婦女每日攝取量為 140 微克，孕婦每日攝取量則提高到 200 微克。含碘食物有紫菜、海帶、貝類、海魚等，烹調食物也可以選用加碘的食鹽（但每天不超過 6 克），若擔心攝取不足，可詢問醫師是否可以服用碘補充劑。有甲狀腺相關疾病的孕婦，也先詢問醫師有關飲食方面的建議。

鐵：鐵質在孕期主要功用是預防貧血及早產，準備懷孕期及懷孕第一、二期時，每日鐵質攝取量應有 15 毫克，然而到懷孕第三期必須再增加 30 毫克，也就是每日攝取量為 45 毫克。為什麼需要增加這麼多？因為這個階段媽媽跟胎兒都需要鐵質。

對準媽媽來說，懷孕後體內多了胎兒及胎盤，血液需求及血流量都變大，需要更多的鐵質，以避免發生缺鐵性貧血導致早產。而且生產時產婦都會出血，懷孕後期多補鐵，也是因應生產時的失血。對胎兒來說，出生前需要儲存鐵質以供出生後使用，媽媽懷孕的第一、二期，胎兒組織器官還在分化發育，無法儲存鐵質，需要的鐵質也不多，靠媽媽供給即可。

所以懷孕前期及中期，準媽媽不必補充大量鐵質，因為派不上用場，過多的鐵質還可能造成準媽媽便秘；但到懷孕第三期，胎兒器官已發展成熟，肝臟有能力開始儲存鐵質，這個時候媽媽

攝取的鐵質是「一人吃、兩人用」，鐵質的需求量因而大增，孕婦也要努力補鐵。

含鐵豐富的食物有紅肉、深綠色蔬菜、豆干、豆腐等，不過攝取鐵質比較麻煩的是，根據美國相關研究指出，45 毫克的鐵質比較難完全從食物中獲得，產婦可諮詢醫師是否需要額外服用鐵劑補充。不過補充鐵劑時要留意，並不是劑量愈高愈好，因為劑量愈高，服用者產生噁心、嘔吐、胃不舒服等副作用的可能性也愈高。

哺乳期　避開影響泌乳的食物

不少孕婦懷孕時吃東西小心翼翼，唯恐吃不好或吃不對影響胎兒，直到寶寶出生才敢解禁；但對哺餵母乳的媽媽來說，哺乳期仍有需要忌口的食物。

以通則來說，抑制乳汁分泌的食物有韭菜、生麥芽及人蔘等，促進乳汁分泌的食物有魚湯、豬腳、花生等，然而每個人體質不同，發奶食物是否有用因人而異。

為了製造乳汁，媽媽每天的飲食量必須增加，才能供應哺乳所需的熱量及營養。哺乳期媽媽每日需要 2500 大卡的熱量，比懷孕中、後期的 2300 大卡再增加 200 大卡，攝取熱量若低於每日 1800 大卡，就可能會影響乳汁分泌。

總的來說，哺乳期的飲食原則就是「餓了就吃、渴了就喝」，湯湯水水多喝無妨，但媽媽如果食用含酒精與咖啡因的食品，乳汁會有酒精與咖啡因成份，因此做月子常有的酒煮麻油雞也最好

多煮一些時間，讓酒精徹底揮發掉，下午三點以後哺乳媽媽也應避免喝含咖啡因飲料，以免干擾寶寶晚上睡眠。

> 均衡良好飲食是哺乳的堅實後盾，過與不及都失當。

哺乳期需要吃更多，但媽媽不必擔心體重上升，因為哺乳是可以減重的。懷孕時，雖然媽媽吃進肚的東西是供應養分給胚胎發育成長，但熱量都在體內；寶寶出生後，媽媽吃下肚的食物則轉化為乳汁輸出給寶寶，會消耗掉更多的熱量，所以純母乳哺育的媽媽通常不胖反瘦，這時反而可以多吃，但是要吃對東西。

另外，跟懷孕時一樣，哺乳媽媽勿喝空有熱量沒營養的含糖飲料，如果覺得喝開水很單調，可嘗試沒有熱量的花草茶。市面上花草茶種類繁多，多會標示適不適合哺乳期媽媽飲用，有些花草茶還有促進乳汁分泌的功用。

不少媽媽擔心乳汁不足，賣力吃各種發奶食物，這其實是劃錯重點了。媽媽希望乳汁充沛，要做的事是多餵而不是多吃，泌乳最主要靠寶寶頻繁吸吮，而不是媽媽大吃大喝，食物是輔助的角色。與此相反的情況是，很多媽媽產假結束回復上班，因忙碌三餐不定，也無暇關注飲食內容，擔心沒有好好吃飯讓母乳不營養，不敢持續哺乳，這是哺乳的錯誤迷思。研究指出，無論媽媽吃得好不好，母乳都能維持一定品質，此乃生物繁衍後代的防護機制，所以媽媽可以放心餵奶，但在做得到的範圍內，還是不要輕忽飲食，以維持媽媽健康。過與不及都失當，均衡良好的飲食是哺乳的堅實後盾，支撐媽媽及寶寶的營養。

全麥吐司炒蛋套餐

—

藍莓優格、全麥吐司、炒蛋

全麥吐司炒蛋

食材／

原味優格····································200公克
藍莓··100公克
全麥吐司····································75公克
雞蛋··1顆
橄欖油··1茶匙

食材／

鹽··少許

做法／

1. 藍莓洗淨，瀝乾；取200公克優格放於碗中，放上藍莓即可食用。
2. 以烤麵包機烤吐司。
3. 蛋打散，加少許鹽，油鍋放入橄欖油，炒到熟即可。

使用餐盤

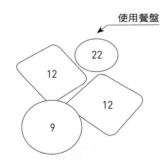

營養成分分析　熱量／498大卡・蛋白質／21公克・脂肪／14公克・醣類／72公克
六大類食物份數　全穀雜糧類3份／豆魚蛋肉類1份／乳品類1份／水果類1份／油脂與堅果種子類1份

里肌肉饅頭套餐

肉片饅頭、豆漿、橘子

肉片饅頭

食材／

全麥饅頭·····90公克
里肌肉片·····35公克
橄欖油·····1茶匙

醃料／

醬油·····1/2茶匙
黑胡椒·····少許

做法／

1. 將全麥饅頭放進電鍋，放少許水蒸饅頭。
2. 以1/2茶匙醬油和少許黑胡椒，醃里肌肉片10分鐘。
3. 起油鍋，放入1茶匙橄欖油，將醃好的里肌肉煎熟。
4. 將里肌肉夾進蒸好的全麥饅頭中，即可食用。

【營養師小叮嚀】

橘子份量約200公克。

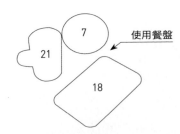

使用餐盤

營養成分分析 熱量／498大卡・蛋白質／21公克・脂肪／14公克・醣類／72公克
六大類食物份數 全穀雜糧類3份／豆魚蛋肉類1份／乳品類1份／水果類1份／油脂與堅果種子類1份

鮪魚沙拉吐司套餐

鮪魚沙拉吐司、低脂鮮奶、草莓

鮪魚沙拉吐司

食材／

法國吐司⋯⋯⋯⋯⋯⋯⋯⋯⋯⋯⋯75公克
水漬鮪魚⋯⋯⋯⋯⋯⋯⋯⋯⋯⋯30公克
洋蔥丁⋯⋯⋯⋯⋯⋯⋯⋯⋯⋯⋯10公克
小番茄⋯⋯⋯⋯⋯⋯⋯⋯⋯⋯⋯⋯2顆
橄欖油⋯⋯⋯⋯⋯⋯⋯⋯⋯⋯⋯1茶匙

調味料／

黑胡椒⋯⋯⋯⋯⋯⋯⋯⋯⋯⋯⋯⋯少許

做法／

1. 法國吐司切片，烤脆。
2. 洋蔥剁碎、小番茄切小丁。
3. 水漬鮪魚30克放入碗中，加入洋蔥、番茄、橄欖油、黑胡椒，拌勻做成沙拉。
4. 將鮪魚沙拉放到法國吐司上，搭配低脂鮮奶食用。

【營養師小叮嚀】

草莓份量約200公克。

使用餐盤

營養成分分析 熱量／498大卡・蛋白質／21公克・脂肪／14公克・醣類／72公克
六大類食物份數 全穀雜糧類3份／豆魚蛋肉類1份／乳品類1份／水果類1份／油脂與堅果種子類1份

牛肉麵麻醬龍鬚菜套餐

———

牛肉麵、涼拌小黃瓜
麻醬龍鬚菜、蘋果

牛肉麵

食材／

拉麵……………………………75公克
牛腱……………………………90公克
水………………………………適量

調味料／

蔥………………………………適量
薑………………………………適量
醬油……………………………適量

做法／

1. 牛腱汆燙，切成適口大小的肉塊或肉片。
2. 取一只鍋，放入水、蔥、薑、醬油調味。放入汆燙過的牛腱，熬煮至軟。
3. 湯鍋加水煮滾，放入拉麵煮熟，撈起。加上牛腱和湯，做成牛肉麵。

【營養師小叮嚀】

蘋果份量約130公克。

使用餐盤

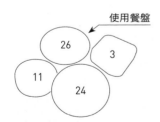

涼拌小黃瓜

食材／

小黃瓜…………………………100公克

調味料／

鹽………………………………少許
蒜………………………………1瓣
白醋……………………………少許
辣椒……………………………少許

做法／

1. 小黃瓜洗淨，拍碎切段，加鹽調味。
2. 蒜1瓣，拍碎，辣椒少許，放入小黃瓜，加少許白醋，攪拌即可。

麻醬龍鬚菜

食材／

龍鬚菜…………………………100公克

調味料／

芝麻醬…………………………1/2湯匙
醬油……………………………1茶匙

做法／

1. 龍鬚菜洗淨，燙熟，切段。
2. 將芝麻醬加醬油，攪拌均勻後，淋在龍鬚菜上即可。

營養成分分析	熱量／512大卡・蛋白質／22公克・脂肪／16公克・醣類／70公克
六大類食物份數	全穀雜糧類3份／豆魚蛋肉類2份／蔬菜類2份／水果類1份／油脂與堅果種子類2份

水餃番茄白菜湯套餐

———

皮蛋豆腐、水餃
蕃茄小白菜湯、葡萄

皮蛋豆腐

食材／
豆腐 ························140公克（1/2盒）
皮蛋 ·······················30公克（1/2顆）
蔥 ·································30公克

調味料／
醬油 ·································1湯匙

做法／
1. 取豆腐、皮蛋剝去外殼，切半後放在豆腐上。
2. 蔥洗淨，切成蔥花，撒到豆腐皮蛋上，淋上醬油即成。

水餃

食材／
冷凍水餃 ·························150公克

做法／
1. 取一只鍋，將水煮沸，放入水餃煮熟。

番茄小白菜湯

食材／
番茄 ·································100公克
小白菜 ·······························100公克
海帶芽 ·································10公克

調味料／
香油 ·································少許
鹽 ·································適量

做法／
1. 番茄洗淨，切片。海帶芽加水泡軟。小白菜洗淨，切段。
2. 取湯鍋，將水煮滾，放入番茄片、海帶芽，煮軟。
3. 放入小白菜，煮滾。加適量鹽、滴2～3滴香油即可。

【營養師小叮嚀】————

葡萄份量約120公克。

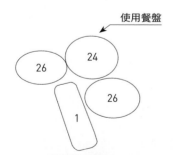

使用餐盤

營養成分分析　熱量／512大卡・蛋白質／22公克・脂肪／16公克・醣類／70公克
六大類食物份數　全穀雜糧類3份／豆魚蛋肉類2份／蔬菜類2份／水果類1份／油脂與堅果種子類2份

韓國烤肉飯套餐

—

韓國烤肉、白飯
涼拌海帶黃豆芽、棗子

韓國烤肉飯

食材／
白飯⋯⋯⋯⋯⋯⋯⋯⋯⋯⋯⋯⋯ 120公克
豬肉片⋯⋯⋯⋯⋯⋯⋯⋯⋯⋯⋯ 90公克
洋蔥⋯⋯⋯⋯⋯⋯⋯⋯⋯⋯⋯⋯ 100公克
沙拉油⋯⋯⋯⋯⋯⋯⋯⋯⋯⋯⋯⋯ 2茶匙

醃料／
醬油⋯⋯⋯⋯⋯⋯⋯⋯⋯⋯⋯⋯⋯ 1大匙
水⋯⋯⋯⋯⋯⋯⋯⋯⋯⋯⋯⋯⋯⋯ 1大匙
蒜⋯⋯⋯⋯⋯⋯⋯⋯⋯⋯⋯⋯⋯⋯⋯ 1瓣
洋蔥⋯⋯⋯⋯⋯⋯⋯⋯⋯⋯⋯⋯⋯ 20克
水梨⋯⋯⋯⋯⋯⋯⋯⋯⋯⋯⋯⋯⋯ 20克
蘋果⋯⋯⋯⋯⋯⋯⋯⋯⋯⋯⋯⋯⋯ 20克

做法／
1. 取100公克洋蔥，洗淨後切片備用。
2. 醃料以果汁機打勻。
3. 將醃料倒在豬肉片上醃20分鐘。
4. 起油鍋，放入豬肉片及洋蔥片，拌炒至熟後，放到白飯上。

涼拌海帶黃豆芽

食材／
黃豆芽⋯⋯⋯⋯⋯⋯⋯⋯⋯⋯⋯ 100公克
海帶芽⋯⋯⋯⋯⋯⋯⋯⋯⋯⋯⋯ 10公克

調味料／
蒜⋯⋯⋯⋯⋯⋯⋯⋯⋯⋯⋯⋯⋯⋯⋯ 1瓣
辣椒⋯⋯⋯⋯⋯⋯⋯⋯⋯⋯⋯⋯⋯ 半支
鹽⋯⋯⋯⋯⋯⋯⋯⋯⋯⋯⋯⋯⋯⋯ 適量
香油⋯⋯⋯⋯⋯⋯⋯⋯⋯⋯⋯⋯⋯ 1茶匙

做法／
1. 湯鍋煮水，水滾，放入黃豆芽煮熟，撈起放涼備用。
2. 海帶芽泡水變軟後，將水擠乾，和黃豆芽一起攪拌均勻。
3. 蒜剁碎，辣椒切絲，放入黃豆芽、海帶芽中。
4. 加入適量的鹽及香油，攪拌均勻即可完成。

【營養師小叮嚀】

棗子份量約140公克。

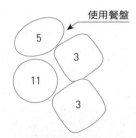
使用餐盤

5
3
11
3

營養成分分析　熱量／512大卡・蛋白質／22公克・脂肪／16公克・醣類／70公克
六大類食物份數　全穀雜糧類3份／豆魚蛋肉類2份／蔬菜類2份／水果類1份／油脂與堅果種子類2份

鮭魚豆干肉絲套餐

——

烤鮭魚、蒜炒豆苗
炒豆干肉絲、木瓜 1 碗

烤鮭魚

食材／
鮭魚 ·······························90公克

調味料／
鹽 ·································少許

做法／
鮭魚灑少許鹽，烤箱220度預熱，烤10分鐘。

蒜炒豆苗

食材／
豆苗 ·····························100公克
沙拉油 ····························1茶匙

調味料／
蒜 ································1瓣
鹽 ································適量

做法／
1. 豆苗洗淨，摘嫩葉。
2. 蒜1瓣，拍碎。
3. 起油鍋，放入蒜及豆苗，撒鹽調味，炒熟起鍋。

【營養師小叮嚀】

木瓜份量約180公克。

炒豆干肉絲

食材／
豆干 ·····························20公克
肉絲 ·····························20公克
四季豆 ····························50公克
紅蘿蔔絲 ···························10公克
沙拉油 ····························2茶匙

調味料／
醬油 ·····························2茶匙
太白粉 ····························少許
蒜 ································1瓣
辣椒 ·····························少許

做法／
1. 肉絲加少許醬油調味，再抓少許太白粉。
2. 豆干切絲。四季豆、紅蘿蔔洗淨，切段和絲備用；蒜拍碎，辣椒少許。
3. 起油鍋放入蒜末、辣椒炒香，再放入肉絲、豆干絲、四季豆及紅蘿蔔拌炒，加入1茶匙醬油，炒熟起鍋。

使用餐盤

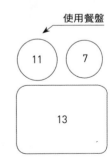

營養成分分析　熱量／612大卡・蛋白質／29公克・脂肪／24公克・醣類／70公克
六大類食物份數　全穀雜糧類3份／豆魚蛋肉類3份／蔬菜類2份／水果類1份／油脂與堅果種子類3份

海鮮義大利麵佐烤蔬菜套餐

海鮮義大利麵
綜合烤蔬菜、櫻桃1碟

海鮮義大利麵

食材／

義大利麵……………………60公克
蛤蜊（大）…………250公克（約6個）
草蝦仁……………………30公克
花枝片……………………65公克
九層塔葉…………………20公克
橄欖油……………………3茶匙

調味料／

鹽…………………………適量
大蒜………………………1瓣
乾辣椒……………………1支
白酒………………………1大匙

做法／

1. 鍋中倒入適量的水，煮至滾開，先加入2大匙鹽，放入義大利麵，大火煮10～12分鐘，撈起瀝乾備用。
2. 大蒜去皮切片、乾辣椒切段、九層塔葉洗淨切絲，備用。
3. 蛤蜊吐沙、蝦仁、花枝洗淨切片，備用。
4. 起油鍋，放入橄欖油，小火爆香蒜片，放入蝦仁、花枝，炒熟盛起。放入蛤蜊淋上白酒，蓋上鍋蓋煮到蛤蜊打開，盛出備用。
5. 將煮熟的義大利麵放到油鍋續炒，取1湯勺義大利麵湯倒入炒鍋中，放入蝦仁、花枝片及蛤蜊拌炒均勻，加入九層塔即可起鍋。

綜合烤蔬菜

食材／

綠櫛瓜……………………70公克
黃櫛瓜……………………70公克
紅椒………………………60公克

調味料／

鹽…………………………少許
橄欖油……………………適量
黑胡椒……………………少許

做法／

1. 櫛瓜、紅椒洗淨，切成0.8～1公分厚度的片狀。
2. 鋪在烤盤上，灑少許鹽，淋上橄欖油，放入170度預熱的烤箱中，烤10分鐘即可。

【營養師小叮嚀】

櫻桃約150公克。

使用餐盤
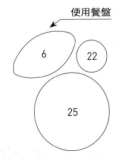

營養成分分析 熱量／612大卡・蛋白質／29公克・脂肪／24公克・醣類／70公克
六大類食物份數 全穀雜糧類3份／豆魚蛋肉類3份／蔬菜類2份／水果類1份／油脂與堅果種子類3份

醉雞腿青蔬套餐

———

醉雞腿、蘆筍蝦仁
菠菜鴻喜菇、奇異果1顆

醉雞腿

食材／
去骨雞腿 ……………………………………1隻

調味料／
紹興酒 ……………………………………2湯匙

雞腿醃料／
蔥段 ……………………………………………4段
薑 ………………………………………………少許
鹽 …………………………………………1/2茶匙
米酒 ……………………………………………2湯匙

枸杞、當歸醃料／
枸杞 ……………………………………………1茶匙
當歸片 …………………………………………2片
米酒 ……………………………………………2湯匙

做法／
1. 用蔥、薑、鹽、米酒，醃去骨雞腿20分鐘。
2. 以米酒醃枸杞、當歸，放入鍋中蒸10分鐘，取出放冷。
3. 雞腿攤開，將蒸好的枸杞、當歸放在雞腿上，淋上紹興酒。
4. 用鋁箔紙將雞腿捲成圓桶狀，捲好的雞腿放入蒸鍋中，蒸30分鐘，取出放冷，切片。

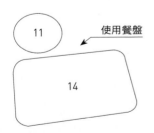

使用餐盤　11　14

蘆筍蝦仁

食材／
綠蘆筍 ….100公克　　蝦仁 …… 30公克
沙拉油 …… 3茶匙

調味料／
蒜頭 ……1瓣　　米酒 ……1/2大匙
鹽 ………少許

做法／
1. 蘆筍削皮，去掉粗皮後切段。蒜頭切片。
2. 蝦仁開背去腸泥，加入米酒、少許鹽醃10分鐘。
3. 蘆筍氽燙至半熟，備用。
4. 起油鍋，放入沙拉油，小火炒香蒜片，放入蝦仁翻炒。
5. 放入蘆筍拌炒，加入米酒、少許鹽調味，拌至蘆筍煮熟起鍋。

菠菜鴻喜菇

食材／
菠菜 ….80公克　　鴻喜菇 …… 20公克
沙拉油 …1茶匙

調味料／
蒜 ……………1瓣　　鹽 ……………適量

做法／
1. 菠菜洗淨，切段；蒜，拍碎。備用。
2. 起油鍋，放入蒜、菠菜、鴻喜菇拌炒，加鹽調味，炒熟起鍋。

【營養師小叮嚀】

奇異果約120公克。

營養成分分析 熱量／612大卡・蛋白質／29公克・脂肪／24公克・醣類／70公克
六大類食物份數 全穀雜糧類3份／豆魚蛋肉類3份／蔬菜類2份／水果類1份／油脂與堅果種子類3份

乳品點心

———

低脂麥片粥
腰果奶汁、起司片

低脂麥片粥

食材／
低脂鮮奶·······························240c.c.
大麥片······························20公克

做法／
鍋中倒入低脂鮮奶加熱，放進大麥片，煮到熟即可。

腰果奶汁

食材／
低脂鮮奶·······························240c.c.
腰果·······························10公克

做法／
1. 將腰果煮熟或蒸熟。
2. 低脂鮮奶倒入果汁杯中，加入腰果，攪打即可。

起司片

食材／
起司片·······························2片

使用餐盤

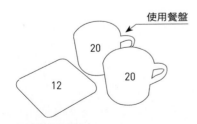

| 營養成分分析 | 熱量／498大卡・蛋白質／21公克・脂肪／14公克・醣類／72公克 |
| 六大類食物份數 | 全穀雜糧類1份/乳品類1份 |

Chapter

6

展現風華的銀髮族

65 歲開始,生命就進入高齡階段。
此時,身體機能退化,慢性病上身,
想要展現銀髮族的風華活力,
運動及均衡營養,兩者不可偏廢。

諮詢專家:楊素卿╱餐盤設計:馬千雅

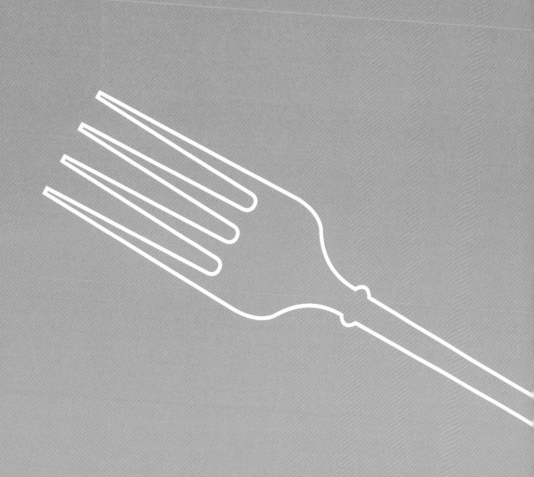

養生，
從規律生活開始

　　所謂的高齡銀髮族，是指 65 歲以上的長者，此時最重要的養生概念，就是從「規律生活」開始，包括一日三餐選擇適當飲食、定時定量、養成每日運動的好習慣，都能使身體機能維持在良好狀況。

　　此外，步入高齡階段，身體機能逐漸退化，各種疾病或慢性病也容易找上門，對應到營養攝取，除了注意均衡之外，更應該針對該疾病調整飲食，需要的營養素不可缺少，會造成身體負擔的食物也盡量避免。

食量可以少，但六大類食物不能缺

　　綜觀人的生命期營養，從兒童、成人到高齡銀髮族，各階段所需營養大致相同，但「量」卻有其差異。

　　以高齡者而言，六大類食物均衡攝取為基本原則，每一類食物務求多變化，尤其應重視鈣質、蛋白質與膳食纖維的攝取，且降低油脂量。蛋白質選擇上應以魚肉、雞肉與蛋類為主，紅肉的油脂與膽固醇含量過高，不適合三高患者食用。

　　根據國健署針對銀髮族每日飲食建議，高齡者份量普遍比一般成人來得少，以全穀雜糧類來看，成年人每日可攝取 1.5～4 碗，銀髮族攝取 2～3.5 碗即可，並應避免精緻澱粉，增加全穀類攝取。全穀類富含膳食纖維，可以預防便祕。

　　此外，蛋白質的攝取依重要性，可依序補充豆、魚、蛋、肉類，每日約 4～6 份，而年長者因消化系統功能較弱，難消化油

炸類食物，應避免食用。

從初老到老老，配合身體彈性飲食

　　若仔細區分，高齡銀髮族可分成 65 歲至 75 歲的「初老」階段，75 歲至 85 歲的「中老」階段，與 85 歲以上的「老老」階段，隨著年齡增加，會越來越明顯感受到生理機制的衰退。

　　初老時期，大多咀嚼功能正常，六大類食物均衡攝取即可。到了中老階段以後，咀嚼與吞嚥功能降低，許多長者會因為咀嚼功能降低，就盡量少吃或不吃，甚至只吸取肉汁，而將肉類的「渣」吐掉，長期下來很容易造成體重減輕、肌肉流失與衰老的問題。

　　此時，可試著改變食物質地，例如把肉剁碎做成肉丸，或加上勾芡，讓肉類變得容易吞嚥。注意食物仍須保持多樣化，配合當天、當下的身體狀況及咀嚼功能，也不可以全部都提供軟爛食物。

　　銀髮族也要注意口腔衛生，保持健康的牙齒，若臉頰旁的吞嚥肌肉功能下降，可以利用小朋友的吹笛玩具來訓練臉部肌力，或是吃鱈魚香絲來訓練舌頭。

　　此外，高齡者飲食應保有「彈性」。因銀髮族的消化吸收功能下降，所以能吃就吃，也無須太限制份量。平時用餐頻率可以配合生活型態，早睡早起的話，就一日三餐；若晚起晚睡的長輩，則增加宵夜，或採取少量多餐的方式。

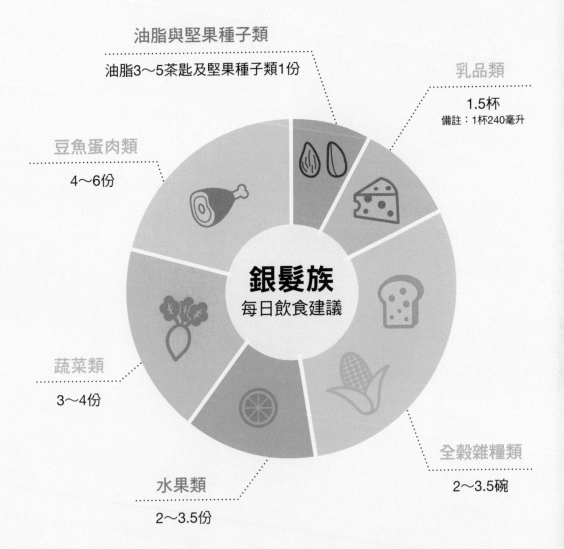

油脂與堅果種子類
油脂3～5茶匙及堅果種子類1份

乳品類
1.5杯
備註：1杯240毫升

豆魚蛋肉類
4～6份

蔬菜類
3～4份

水果類
2～3.5份

全穀雜糧類
2～3.5碗

銀髮族
每日飲食建議

資料來源：衛生福利部國民健康署

高齡者的三高飲食

　　隨著醫療技術日新月異，人的壽命增長，退休年齡也逐漸往後延，許多初老者仍在職場打拼，過多的應酬與壓力可能會對健康造成影響。而年長者常見的四類疾病：三高（高血壓、高血脂與高血糖）、骨質疏鬆症、肌少症與認知功能障礙等疾病，又經常挑此刻來敲門，銀髮高齡族們可不能等閒視之。

　　面對疾病，「飲食」是一個重要的照護方法！三高患者可依照下列建議調整飲食。

　　高血壓患者：無論是已經罹患，或者想預防高血壓者，都可

以採用高血壓飲食，亦即多蔬果、多喝水、少油、少鹽。

以鹽分攝取量來說，應管制在 6 公克以下，並且減少精緻澱粉。平日也要戒菸、戒酒，一週至少運動 3 次，每次運動 30 分鐘，運動時心跳超過 130 下，才算是真正有效率的運動模式。

高血脂患者：高血脂患者首要之務就是拒絕油膩飲食！像是油煎、油炸、油酥等食物都會讓血脂升高，可多採用清蒸、水煮、涼拌、燉煮的烹調方式。

此外，應盡量避免食用飽和脂肪酸的油脂，如豬油、牛油、棕櫚油、植物性奶油，改以葡萄籽油、橄欖油等含有較多單元不飽和脂肪酸的植物油為主。平日也應多攝取膳食纖維，並降低醣份的攝取。

高血糖患者：若銀髮族同時也是高血糖患者，平時應特別注意飲食控制，否則很容易引發急性或慢性併發症。此外，吃甜食前，也必須瞭解糖分含量，並嚴格控制攝取，必要時可使用代糖。平日要攝取足夠的膳食纖維，不宜飲酒、也避免攝取濃湯。

骨鬆、肌少症與貧血的營養照護

根據統計，大多數銀髮族都有肌力不足、骨質疏鬆及貧血的現象，除了搭配運動來增加肌力之外，透過飲食營養照護，也能補足需要的營養素，有助於舒緩因身體機能退化而帶來的不適。

肌少症照護：當身體的肌肉量不夠，很容易造成行動遲緩、容易疲勞、雙手無力、爬樓梯感到吃力等狀況，這種影響全身的

症狀就稱為「肌少症」。

　　預防肌少症，適當運動及營養補充是相當重要且有效的方式。運動可以增加肌力，營養補充則注重在攝取足夠熱量、優質蛋白質及維生素 D。基本上，在腎臟功能正常的情況下，每日每公斤體重可攝取 1.2 克的「蛋白質」，一天大約是吃 5 ～ 7 份的豆魚蛋肉類。

　　而獲取維生素 D 最簡單就是曬太陽，每週 3 ～ 4 次在太陽下運動或散步 10 ～ 15 分鐘，就可以獲取足夠的維生素 D，或者攝取富含維生素 D 的食材，如黑木耳、秋刀魚、牛奶或蛋黃等，年長者也可以透過保健營養品來補充。

　　骨質疏鬆照護：根據國民營養健康狀況變遷檢查結果，年長者的飲食中，最缺乏的營養素就是「鈣質」。尤其許多年長者不愛喝乳品，或是有乳糖不耐的問題。

　　因此，建議可將牛奶分次少量食用，或用優格、起司、優酪乳、乳酪絲來取代。過去普遍認為選擇低脂或脫脂牛奶更健康，現在新的飲食指南則認為兩者差異不大，只要能補充乳製品，對於鈣質攝取都有很大幫助。若是真的無法攝取乳製品，又有嚴重鈣缺乏的問題，也可選擇鈣片作為補充劑。

　　貧血照護：貧血，是高齡者常見的問題，主要就是飲食中缺乏「鐵」。尤其因為牙齒不好而減少深紅色肉類與綠色蔬菜的攝取，長期下來，很容易造成缺鐵性貧血。

　　另外，長者茹素而缺鐵，在台灣也是普遍狀況，建議素食者要多補充紫菜、紅莧菜、黑芝麻、紅豆、黑豆、紅鳳菜等含鐵量

豐富的蔬菜，飯後再多攝取維生素 C 含量高的水果，加強鐵質的吸收。若血紅素太低時，可請醫師開立鐵劑，或以銀髮族專用的保健品補充。

銀髮族外食怎麼選？

高齡者平日很難與兒孫共進午餐，加上自己煮需要面對採買、洗滌、烹調、洗碗等繁瑣程序，因此，許多銀髮族會選擇午間外食，既省事又方便。

通常，銀髮族會選擇麵店與自助餐做為午餐主要來源，若選擇麵店，應捨棄濃油、重鹹的店家，並搭配蔬菜、肉類、滷蛋或豆腐，即使是在麵店也要吃得均衡。湯品選擇上，要避免含鈉量過高，越簡單的烹調方法愈好。例如：肉羹湯與青菜豆腐湯，建議選擇後者，既營養又好消化。

在自助餐店中，盡量選擇全穀類米飯，避免高溫油炸的食物，菜餚可選蒸、煮、炒、涼拌。若經濟較寬裕，也可找尋專門為銀髮族設計菜餚的養生餐廳。

遇到沒有食慾時，可選擇添加檸檬、薑絲、大蒜、九層塔等調味的菜餚，或是搭配沾醬來豐富食物調味，但仍不宜過鹹或過甜。此外，也可試著與社區朋友共進午餐，藉以改變心情，促進食慾。

只要高齡者能從「吃得下」做起，慢慢做到「吃得夠」、「吃得對」，逐步做好飲食管理，相信一定人人都可健康老化，邁向樂活人生。

五穀虱目魚粥

五穀虱目魚粥

五穀虱目魚粥

食材／

五穀米 ·······················40公克
虱目魚柳 ···················60公克
紅蘿蔔 ·····················25公克
高麗菜 ·····················25公克
海帶芽 ·····················少許

調味料／

鹽 ·························1/4茶匙
白胡椒 ·····················適量

梅花肉醃料／

醬油 ·······················1茶匙
米酒 ·······················1茶匙

做法／

1. 五穀米洗淨後，瀝乾備用。
2. 虱目魚柳切小段，紅蘿蔔切丁。
3. 取一只鍋倒入400c.c.的水，開中火，水煮沸再放入五穀米及紅蘿蔔丁，轉小火煮30分鐘，再加入虱目魚柳、海帶芽。
4. 加入鹽、白胡椒調味，食材皆煮熟後即可熄火裝盛。

使用餐盤

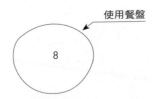

8

營養成分分析　熱量／302.5大卡・蛋白質／18.5公克・脂肪／10公克・醣類／32.5公克
六大類食物份數　全穀雜糧類2份／豆魚蛋肉類2份／蔬菜類0.5份

煎餅堅果漿套餐

——

堅果芋頭漿、毛豆煎餅

堅果芋頭漿

食材／

綜合堅果·······················1湯匙
芋頭·····························55公克
無糖豆漿·····················240c.c.

做法／

1. 芋頭洗淨後去皮，切小塊放入電鍋蒸熟。
2. 從電鍋中取出熟芋頭，和綜合堅果、無糖豆漿一起放入果汁機攪打均勻即可。

毛豆煎餅

食材／

新鮮毛豆·······················25公克
鮮奶·····························30c.c.
雞蛋·····························1/2顆
中筋麵粉························15公克
油·······························1茶匙

調味料／

鹽·······························適量
蜂蜜·····························適量

做法／

1. 毛豆去豆莢後泡水30分鐘，吸飽水分再放入滾水中煮10分鐘。
2. 將煮好的毛豆，泡入冷開水中降溫，避免毛豆變黃。
3. 將做法2的毛豆與牛奶倒入果汁機，攪打成毛豆泥備用。
4. 毛豆泥加進中筋麵粉及1/2顆雞蛋拌勻成毛豆麵糊，麵糊若太濃稠，可加入適量水。
5. 可視個人喜好加入適量的蜂蜜或鹽，調整風味。
6. 平底鍋先熱鍋，加入1匙油後，倒入麵糊，再以中小火將毛豆麵糊煎至表面略微起泡即可翻面，兩面煎熟即完成。

19

使用餐盤

16

營養成分分析 熱量／321.25大卡・蛋白質／18.5公克・脂肪／18公克・醣類／27.75公克
六大類食物份數 全穀雜糧類1.75份／豆魚蛋肉類2份／乳品類0.125份／油脂與堅果種子類2份

古早味高麗菜燉飯

古早味高麗菜燉飯、葡萄1碗

古早味高麗菜燉飯

食材/

白米	60公克
蝦米	適量
乾香菇	1朵
蒜仁	適量
紅蘿蔔	20公克
高麗菜	80公克
梅花肉	70公克
油	1茶匙

調味料/

蠔油	1/2茶匙
鹽	1茶匙
白胡椒粉	適量

梅花肉醃料/

醬油	1茶匙
米酒	1茶匙

做法/

1. 白米淘洗、乾香菇泡水切末、蒜仁切末、紅蘿蔔去皮刨絲、高麗菜切片，備用。
2. 梅花肉切絲，再以醃料拌勻，醃漬約1小時。
3. 起熱鍋，先以油爆香大蒜末、蝦米及乾香菇末，再加入肉絲炒至8分熟後，放入紅蘿蔔絲及高麗菜一起拌炒至變軟。
4. 白米加入鍋中一起拌炒，陸續依熟度多次加入熱水，炒至米心熟透。
5. 見米心熟透，再以鹽、蠔油、白胡椒調味，取出倒進電鍋內鍋，外鍋加一杯水蒸煮，開關跳起即可。

【營養師小叮嚀】────────

葡萄1碗為105公克。

使用餐盤

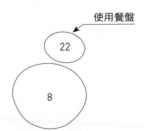

營養成分分析　熱量/670大卡・蛋白質/21公克・脂肪/25公克・醣類/65公克
六大類食物份數　全穀雜糧類3份/豆魚蛋肉類2份/蔬菜類1份/水果類1份/油脂與堅果種子類1份

午晚餐

雙冬蒸絞肉
燕麥飯套餐

———

雙冬蒸絞肉、枸杞烘蛋
和風十香菜、莧菜吻仔魚羹
奇異果1顆、燕麥飯

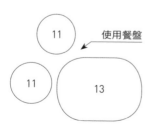

11

使用餐盤

11　　13

雙冬蒸絞肉

食材／
絞肉 ···································· 50公克
冬瓜 ···································· 15公克
冬菜 ···································· 1/2茶匙
薑絲 ····································· 5公克
芹菜 ····································· 5公克

絞肉醃料／
醬油 ···································· 1/2茶匙

做法／
1. 冬菜用清水洗過備用。
2. 冬瓜去皮切塊放進果汁機，加入少許水打成泥狀。
3. 絞肉加醬油醃一下，加進冬瓜泥攪拌均勻後放入碗中，表層鋪上冬菜。
4. 將做法3的食材放入電鍋，外鍋放8分滿水杯的水蒸熟，大約蒸10分鐘後，放入薑絲及芹菜後再蒸30秒，即可起鍋。

枸杞烘蛋

食材／
雞蛋 ······································ 1顆
枸杞 ······································ 適量
蔥 ·· 適量
油 ·· 1茶匙

調味料／
鹽 ·· 適量

做法／
1. 枸杞泡水至軟；蔥洗淨後切碎。
2. 將雞蛋打散，加進蔥、枸杞，攪拌均勻。
3. 起油鍋開中火，倒入蛋汁後轉為小火，慢慢烘煎，約2分鐘後蛋汁凝固後翻面續煎1分鐘即可。

和風十香菜

食材／
濕木耳 ································· 10公克
紅蘿蔔 ································· 10公克
金針菇 ································· 20公克
四季豆 ································· 20公克
黃椒 ··································· 10公克
雞胸肉 ································· 30公克

調味料／
柚子和風醬 ··························· 適量
鹽 ···································· 適量

做法／
1. 紅蘿蔔去皮後刨絲、濕木耳切絲、
   金針菇去根部切段、黃椒去籽後切
   條、四季豆斜切成條狀；將上述食
   材燙熟後備用。
2. 雞胸肉燙熟後，剝成絲狀。
3. 將做法1、2所有食材混合後，加入
   鹽及和風柚子醬拌勻後即完成。

【營養師小叮嚀】

奇異果1顆125公克。

莧菜魩魚羹

食材／
莧菜 ··································· 50公克
魩仔魚 ································· 15公克
蒜仁 ··································· 適量
油 ···································· 1茶匙

調味料／
白胡椒 ································· 適量
鹽 ···································· 適量
太白粉 ································· 適量

做法／
1. 莧菜去根洗淨後切段；蒜仁切碎備
   用；取適量的太白粉和水，以1：2
   的比例，調成薄太白粉水備用。
2. 起油鍋，蒜末炒香後加入莧菜炒軟。
3. 加水至鍋中，放入魩仔魚拌炒，撒
   鹽調味及薄太白粉水勾芡，再撒上
   白胡椒粉即可。

營養成分分析　熱量／711.25大卡．蛋白質／35.4公克．脂肪／32公克．醣類／67.25公克
六大類食物份數　全穀雜糧類3份／豆魚蛋肉類4份／蔬菜類1.45份／水果類1份／油脂與堅果種子類3份

午晚餐

鮮蔬雞肉捲
南瓜洋蔥飯
套餐

南瓜洋蔥飯、鮮蔬雞肉捲
小黃瓜炒鮮菇、玉米菠菜
養生山藥湯、火龍果

使用餐盤

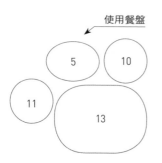

南瓜洋蔥飯

食材／
南瓜 ································· 40公克
白米 ································· 40公克
洋蔥 ································· 20公克

做法／
1. 南瓜外皮洗淨，去籽後切小塊；洋蔥洗淨切丁。
2. 熱油，放入洋蔥丁，洋蔥炒至有點半透明後，倒入1/4杯水及南瓜，煮至南瓜稍軟，水收乾後將南瓜、洋蔥取出。
3. 白米洗淨，加入米和水1:1.2的水量，上方均勻鋪上炒軟的南瓜及洋蔥，放入電鍋蒸熟即可。

鮮蔬雞肉捲

食材／
雞胸肉 ······························· 45公克
紅蘿蔔 ······························· 10公克
四季豆 ······························· 10公克
紫山藥 ······························· 10公克
油 ·································· 1茶匙

調味料／
蛋黃液 ······························· 1/2顆
胡麻醬 ······························· 2茶匙

雞胸肉醃料／
醬油 ································ 1/2茶匙
太白粉 ······························· 適量

做法／
1. 雞胸肉洗淨後切長薄片，以醬油及太白粉醃製。
2. 紫山藥、紅蘿蔔去皮洗淨，切成條狀；四季豆洗淨切段。將這些蔬菜分別汆燙後備用。
3. 將雞胸肉攤平，鋪上紫山藥、紅蘿蔔、四季豆後捲起，沾上太白粉及蛋黃液。
4. 起油鍋，將雞肉捲下鍋煎至金黃色，淋上少許胡麻醬即可完成。

小黃瓜炒鮮菇

食材／
小黃瓜……………………………30公克
鴻喜菇……………………………20公克
蒜仁…………………………………適量
油……………………………………1茶匙

調味料／
醋……………………………………適量
胡椒鹽………………………………適量

做法／
1. 起油鍋，爆香蒜仁，放入鴻喜菇拌炒，灑上胡椒鹽，從鍋邊淋醋。
2. 最後放入小黃瓜拌炒即完成。

【營養師小叮嚀】

火龍果110公克。

玉米菠菜

食材／
菠菜……50公克
玉米粒……40公克
奶油塊……1茶匙

調味料／
鹽……………適量

做法／
1. 菠菜洗淨，切3公分長段備用。
2. 起熱鍋，加入奶油塊，奶油溶化後加入玉米粒拌炒，再放入菠菜炒軟後，以鹽調味即完成。

養生山藥湯

食材／
山藥……40公克　　排骨……35公克
紅棗…………3顆　　枸杞……5公克
薑片…………2片

調味料／
鹽……………適量

做法／
1. 枸杞、紅棗用清水沖洗；山藥去皮後切塊；排骨汆燙後備用。
2. 將排骨、山藥塊、枸杞、紅棗、薑片放入內鍋中，加入適量水，需淹過食材。將內鍋放入電鍋中，外鍋加入2杯水，待電鍋跳起來後悶10分鐘盛入碗中，加鹽調味即完成。

營養成分分析 熱量／723.75大卡・蛋白質／29.65公克・脂肪／32公克・醣類／76.375公克
六大類食物份數 全穀雜糧類3.625份／豆魚蛋肉類3份／蔬菜類1.4份／水果類1份／油脂與堅果種子類4份

午晚餐

地瓜燒肉
紅藜小米飯
套餐

———

紅藜小米飯、地瓜燒肉
金茄豆腐、麻油炒紅鳳菜
大頭菜排骨湯、木瓜1/3個

使用餐盤

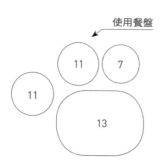

地瓜燒肉

食材╱

地瓜…………………………………55公克
梅花肉…………………………………70公克
薑……………………………………1片
蔥…………………………………10公克
油…………………………………1茶匙

調味料╱

冰糖…………………………………適量
八角…………………………………適量
米酒…………………………………適量
醬油…………………………………適量

做法╱

1. 地瓜洗淨去皮後，切塊；梅花肉切塊、蔥切段。
2. 起熱油鍋，將做法1之肉塊拌炒，再放入八角、蔥段、冰糖、米酒、醬油，加水淹過食材，以中大火燉煮20分鐘。
3. 再放入地瓜，維持小火悶煮10分鐘，即可完成。

金茄豆腐

食材╱

洋蔥…………………………………20公克
大番茄…………………………………40公克
豆腐…………………………………40公克
馬鈴薯…………………………………30公克
油…………………………………2茶匙

調味料╱

咖哩粉…………………………………1茶匙
鹽…………………………………適量

做法╱

1. 馬鈴薯去皮切丁；洋蔥去皮切末；大番茄洗淨切塊。
2. 豆腐切塊後，放入油鍋中稍微煎過定型，備用。
3. 起油鍋，將洋蔥爆香再加入咖哩粉。
4. 大番茄放入鍋中炒軟，再放入馬鈴薯丁，加入少許熱水燉煮至湯汁變濃稠。
5. 最後再放入做法2的豆腐，用鹽調味後，稍微撥動攪拌即可。

麻油炒紅鳳菜

食材/

紅鳳菜·······························50公克
薑片······································2片

調味料/

麻油···································1茶匙
鹽···適量

做法/

1. 紅鳳菜洗淨，切去老梗，備用。
2. 起熱鍋，放入麻油以小火爆香薑片後，放入紅鳳菜、鹽，炒至葉菜變軟即完成。

【營養師小叮嚀】

木瓜1/3個150公克。

大頭菜排骨湯

食材/

大頭菜·······························50公克
排骨···································35公克
薑片······································2片
香菜······································適量

調味料/

鹽···適量

做法/

1. 大頭菜去皮切塊；排骨汆燙備用。
2. 將排骨與大頭菜放入鍋中，加入適量水，大火煮開後轉小火悶煮30分鐘後再轉大火，加鹽調味，最後放上香菜即可完成。

營養成分分析 熱量/898.5大卡・蛋白質/33.7公克・脂肪/47.5公克・醣類/80公克
六大類食物份數 全穀雜糧類3.8份/豆魚蛋肉類3.5份/蔬菜類1.6份/水果類1份/油脂與堅果種子類4份

午晚餐

蒜蓉奶油蝦
薑黃飯套餐

薑黃飯、蒜蓉奶油蝦
日式涼拌秋葵、焗烤馬鈴薯
柿餅雞湯、香蕉1根

使用餐盤

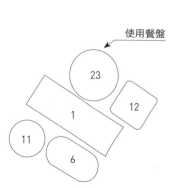

蒜蓉奶油蝦

食材／

草蝦 ································ 6隻
油 ································ 2茶匙
奶油 ································ 1茶匙
蒜末 ································ 適量

調味料／

黑胡椒粒 ································ 適量

做法／

1. 草蝦洗淨；以剪刀剪去蝦鬚及蝦腳；切開背去除沙腸，再以刀輕劃蝦身斷筋，備用。
2. 取米酒噴淋於蝦身去腥。
3. 起熱油鍋，將蝦煎至5分熟後，加入奶油，以小火使其融化，再加入蒜末，將蝦煎熟，灑上黑胡椒粒即可上桌。

日式涼拌秋葵

食材／

秋葵 ································ 50公克
熟白芝麻 ································ 5公克
柴魚片 ································ 適量

調味料／

薄鹽醬油 ································ 適量

做法／

1. 秋葵洗淨後放入滾水汆燙，約3分鐘起鍋。
2. 用食物剪刀或菜刀去除秋葵蒂頭。
3. 淋上薄鹽醬油及柴魚片、熟白芝麻即完成。

焗烤馬鈴薯

食材／
馬鈴薯⋯⋯⋯⋯⋯⋯⋯⋯⋯⋯⋯70克
紅蘿蔔⋯⋯⋯⋯⋯⋯⋯⋯⋯⋯⋯20克
乳酪絲⋯⋯⋯⋯⋯⋯⋯⋯⋯⋯⋯35克

調味料／
鹽⋯⋯⋯⋯⋯⋯⋯⋯⋯⋯⋯⋯⋯適量

做法／
1. 紅蘿蔔去皮，切丁後蒸熟備用。
2 馬鈴薯去皮切塊，放入滾水中加1
   小匙鹽，煮至軟撈起壓成泥，拌入
   紅蘿蔔丁，放入焗烤杯中，再鋪上
   乳酪絲。
2. 烤箱以180度預熱5分鐘後，放入焗
   烤杯，繼續以180度烤約10～15分
   鐘，待乳酪絲融化，表面上色酥脆
   即完成。

柿餅雞湯

食材／
柿餅⋯⋯⋯⋯⋯⋯⋯⋯⋯⋯⋯1/2塊
去骨雞腿⋯⋯⋯⋯⋯⋯⋯⋯⋯60克
薑片⋯⋯⋯⋯⋯⋯⋯⋯⋯⋯⋯⋯3片

做法／
1. 將柿餅切碎、去骨雞腿切塊。
2. 切碎柿餅及400c.c.水放入湯碗
   中，再放入電鍋，外鍋加入1.5杯
   水蒸煮。
3. 電鍋開關跳起後，將雞腿塊及薑片
   放入湯碗中，外鍋再放入1杯水蒸
   煮即完成。

【營養師小叮嚀】

香蕉1根70公克。

營養成分分析　熱量／816.4大卡・蛋白質／33.74公克・脂肪／33公克・醣類／94.55公克
六大類食物份數　全穀雜糧類3.77份／豆魚蛋肉類2.5份／蔬菜類0.7份／乳品類1份／水果類1.5份／
油脂與堅果種子類3.5份

Chapter

7

認識好食材

地瓜從被人嫌棄,到成為超夯健康明星食品;
過去被拿來餵豬的地瓜葉,也成了當紅健康蔬菜。
食材背後的故事、營養價值、食用禁忌,
營養學老師說給你聽。

—— 水 果 類 ——

柿子／柿餅

　　九降風起,柿子紅了。每年秋天,在苗栗公館、新竹新埔一帶,全台柿子產量最多的產地,便進入柿子產季。柿子盛產時不易保存,勤儉持家的客家人就運用傳統工法將柿子製成易於保存的柿餅。

　　從營養價值來看,柿子富含維生素A、C,以及胡蘿蔔素、菸鹼酸、多種礦物質,以每一百公克的水果來分析,其維生素C的含量更是一般水果的1～2倍。柿子中含有水溶性纖維「果膠」,可以幫助新陳代謝及促進腸胃蠕動。

　　至於柿餅,是以乾燥去除80%水份製成,並存放於攝氏零下7～13度的環境下,柿餅表面會自然生成「葡萄糖」、「果糖」結晶體,即為柿霜,於中醫說法具有止咳化痰、潤肺的作用。

　　在台灣每日飲食指南的食物分類中，柿餅歸類於水果，每35公克（大約3/4個）等同於一顆拳頭大小水果的熱量，若從同為100公克的柿子與柿餅來比較，柿餅的糖分幾乎是柿子兩倍之多、鉀含量則為六倍，故糖尿病及腎臟病患者需特別留意攝取量。

　　常流傳柿子不能與魚蝦蟹類及酒同食，是因為柿子中含有「鞣酸」，又名單寧酸，柿子皮含量尤其多，鞣酸會與酸性物質、蛋白質作用成凝固結塊物質，即為柿石，容易造成消化不良、腹痛及腹瀉。鞣酸也易與鐵質結合，影響人體對鐵質的吸收。此外，提醒避免於空腹時攝取柿子或柿餅，可減少對腸道的影響。（馬千雅）

香蕉

　　香蕉一直是台灣人心目中最重要且具代表性的水果，從日治時代起，香蕉即與稻米、蔗糖為輸日三大主要農作物。約在1961年左右，達到全盛期，不但賺取大量外匯，也替台灣贏得「香蕉王國」的稱號。

　　成熟的香蕉含有豐富的碳水化合物，尤其是葡萄糖、果糖等，故運動前後都適合食用，可以迅速補充能量及恢復體力。此外，香蕉鉀含量居水果之冠，可以緩解因肌肉電解質不平衡而造成的抽筋現象，這也與老一輩所說的「孕婦抽筋時可以吃一根香蕉」相吻合。

　　此外，香蕉含寡糖、抗性澱粉及果膠，有益於腸道好菌的生長，可以刺激腸道蠕動、改善便祕，減少致癌物質的停留、降低結直腸癌的罹患率。由於含豐富的維生素B6、血清素及多巴胺等，可以穩定神經傳導、情緒及食慾，降低憂鬱及負面情緒等，因此歐洲人亦稱香蕉為「快樂水果」。由於香蕉鉀含量豐富，所以腎臟功能不佳者不宜多吃，至於控制體重或減重的人，則要注意攝取的份量。從中醫觀點來看，香蕉屬性寒，故脾胃虛寒、胃酸過多者不宜多吃。（劉珍芳）

番茄／小番茄

　　番茄原產自中美洲和南美洲，是一種全球普遍種植食用的蔬菜，依照品種不同，有煮食用的牛番茄、黑柿番茄，鮮食用的小番茄，如聖女番茄、玉女番茄。

　　多數人對番茄有「是水果還是蔬菜」的疑問，從營養成分來看，小番茄糖分高，一般視其為水果，大番茄糖分較低，則被認定為蔬菜。

　　無論大小番茄，除了含糖量差異之外，其他營養價值差不多，都含有維生素 A、C、B 群，以及植化素如 β 胡蘿蔔素、葉黃素、玉米黃素，番茄的茄紅素更是蔬果中含量最為豐富，對於增強身體免疫力、防癌、抗氧化、降低慢性病發生機率，都有不錯效用。

　　研究也發現，更年期婦女由於荷爾蒙變化，不但容易有高膽固醇的問題，睡眠狀況也不佳，經常生吃黑柿番茄，可以降低心血管疾病的發生，將牛番茄打成汁

睡前飲用，則能改善睡眠狀況。

　　茄紅素對男性攝護腺具有保健功效。玉米黃素、類胡蘿蔔素及葉黃素，可以保護眼睛，對於使用 3C 產品頻繁的大人或小孩，番茄可説是護眼聖品。此外，番茄熱量低，對於體重控制者來説，可以熟食當蔬菜、生食當水果。

　　番茄鮮吃、熟食各有好處。茄紅素溶於油脂，熟食吸收效果好，維生素 C 怕高溫，生吃則較不易流失。唯任何食物都不宜過量，以小番茄來説，甜度高，一份約 10 ～ 15 顆已足夠，否則很容易造成體重負擔。體質較寒的人，吃番茄時可以搭配蔥薑蒜辣椒，或和蛋白質一起食用，降低番茄生冷對身體產生的影響。（簡怡雯）

甘蔗

　　從日治時代到光復初期，甘蔗是台灣最重要的經濟作物之一。從田裡收成後，就全數送往糖廠製糖，糖廠小火車正是當時的時代產物。老一輩的長者對於小火車載著甘蔗、孩子們追在火車後頭偷拔甘蔗的印象，必定記憶猶新，那是兒時珍稀可貴的甜點零嘴，吸一口甘蔗甜甜的汁液，滿足感無以言喻。

　　從營養價值來看，甘蔗除了糖分，還含鉀、鈣等礦物質及維生素，直接當水果啃咬，硬又有渣，不受一般大眾喜愛。反而是蔗糖製品，如黑糖、砂糖、白糖、冰糖等，在人們日常生活中扮演重要角色。

　　近年來，黑糖被塑造成養生食品，由於未經精製純化過程，黑糖的確留有部分礦物質、維生素，營養價值較高，但它畢竟是添加糖。根據世界衛生組織建議，一天攝取 2000 卡熱量的成年人，從飲料及食物攝取的添加糖，總共以 50 公克為限。但凡食品幾乎都含糖，例如麵包、糕餅、羹湯、醬料等，若吃完飯再來一杯含糖飲，一天糖攝取量就會超標，影響身體健康。

　　此外，手工純黑糖成本高，一般市面上許多黑糖飲，幾乎都是還原糖，所以，民眾攝取糖時，應注意總量限制，而非因黑糖相對養生就盡情食用。（謝榮鴻）

蓮霧

　　蓮霧是生長於熱帶的水果，原產於馬來西亞與印度安達曼群島，17 世紀時荷蘭人自印尼引入台灣，因為有獨特風味而深受人們喜愛。

　　台灣蓮霧品種繁多，從顏色到形狀各有不同，品質好的蓮霧共同的特徵是甜、脆、汁多、肉質細膩，外觀果色深紅、潔淨，無斑點及粉狀物。蓮霧皮薄易脫水、易碰傷、不耐久藏，包上報紙和塑膠袋放冰箱冷藏可達一週不壞，室溫下僅能存放一週。

　　從營養價值來看，每 100 公克的蓮霧含有：水分 90.6 公克、熱量 34 大卡、粗蛋白 0.5 公克、粗脂肪 0.2 公克、碳水化合物 8.6 公克以及水溶性維生素，如：B1 0.02 毫克、B2 0.03 毫克、菸鹼素 0.03 毫克、B6 0.03 毫克與 C 6 毫克；巨

量礦物質，如：鈣 28 毫克、磷 35 毫克、鎂 13 毫克、鈉 25 毫克、鉀 340 毫克；微量礦物質，如：鐵 1.5 毫克與鋅 0.2 毫克。膳食纖維 1 公克 與粗纖維 0.6 公克。

　　蓮霧雖好吃，但每次食用 1 ～ 2 顆為宜，整顆從蒂頭開始吃會愈吃愈甜，蓮霧熱量不高，對於一般人或體重過重者來說，是很好的水果選項。（蘭淑貞）

芭樂

　　番石榴，俗稱芭樂。每 100 公克芭樂，含 3.6 公克膳食纖維及 121 毫克維生素C，每天的膳食纖維建議攝取量為 25 ～ 35 公克， 一顆半斤重的芭樂，輕輕鬆鬆就能吃下 10 公克的纖維質，印證了「吃芭樂，排便就會通暢」的原因。

　　濃郁香甜，甜中帶澀，吃軟不吃硬的土芭樂，是許多人懷念的滋味，咬著咬著，想起鄰居家的那些芭樂欉，一顆顆鮮綠的果實，讓人忍不住想去品嚐，也勾起那一段無憂無慮的童年歲月。

　　曾幾何時，果肉清脆、碩大的泰國芭樂，悄然取代土芭樂，獨佔市場，經過不斷的品種改良，珍珠芭、帝王芭、世紀芭、水晶芭……，味美又價格實惠，深受消費者喜愛；這一波的品種改良過程，正展現台灣優良的農業科技，使得芭樂能夠一年四季均產，從飯店到夜市、從菜市場到食品加工廠，甚至外銷，堪稱台灣的國民水果。（魏賓慧）

—— 蔬 菜 類 ——

三星蔥

　　聞名遐邇的三星蔥，擁有獨特風味與口感，且鮮嫩滑口、蔥味香濃又多汁。三星蔥和一般蔥最大的不同，在於其蔥白長，一般市面上同品種的蔥，蔥白約在 7 ～ 8 公分，但三星蔥蔥白平均皆有 15 公分以上。此外，三星蔥吃起來不嗆辣，而且還帶有一股獨特濃郁的青蔥香氣，至今已經成為三星的代表性農產品。

　　之所以會孕育出「三星白蔥」，主要是因為宜蘭三星擁有得天獨厚的山水環境及特殊的栽種方式，在品種上大致有大旺、二旺、小旺、黑葉、小綠、小黑等，其中最好吃的莫屬二旺及小旺，因其蔥白較為細長，且粗纖維少，口感更顯軟嫩、清脆，直接生吃就有說不出的好滋味！

　　三星蔥富含多種營養素，例如：蛋白質、脂肪、醣類、纖維質、鈣、磷、鐵、鈉、鉀、菸鹼酸及維生素 A、B1、B2、B12、C 等。此外，三星蔥含有具黏質的硫化物，有利尿、祛痰、發汗等功效，蔥綠內所含的黏液主要為多醣體，多醣體會與體內不正常細胞凝集，達到抑制效果，可提升免疫力，具多重保健的好處。

　　三星蔥非常適合與蘭陽地區的特色農產品，融合製作成特色料理。例如「紅麴肉捲」便是以紅麴豬肉片包三星蔥，紅麴中富含的膽固醇合成抑制劑紅麴菌素 K（Monacolin K），具有降低膽固醇、抗氧化的功能。（吳得束）

蕈菇類

　　台灣早年農業發達，從日治時代就開始栽培香菇、木耳等蕈菇類農作，1950 年代更從日本引進洋菇菌種，大量種植，當時中南部的農家利用秋收後的稻稈做堆肥，種植洋菇補貼家用。盛產季節，農民更和食品業者合作生產洋菇罐頭外銷。因此在 70 年代，台灣的洋菇罐頭外銷量更竄升為世界第一，獲得「洋菇王國」美稱，當時的洋菇被視為重要經濟作物。

　　除了香菇、木耳、洋菇，我們生活中常見的蕈菇類，還有杏鮑菇、鴻喜菇、金針菇、柳松菇、秀珍菇等，近年又引進了富含更多多醣體的食藥用菇，如巴西蘑菇、猴頭菇等。

　　菇蕈類的特點是高纖、味美、熱量低，含有許多珍貴的健康成份，主要成份碳水化合物多為多醣體，可幫助調節免疫功能，並富含人體必需胺基酸的蛋白質、膳食纖維、維生素 B 群，礦物質含鉀、鐵、硒，特別的是，菇蕈類含有一般蔬菜類缺少的、維護骨骼健康維生素 D2 的先質──麥角固醇，以及幫助造血功能的B12 等營養成分。因此素食的民眾，可以多食用菇蕈類食物，補充身體較缺乏的營養素。

　　購買菇類時，宜挑選菌傘尚未全開、質地堅實為佳。菇類種類很多，從營養學的角度看，乾菇比生菇營養價值更高，香氣更濃郁。生菇適合作為配菜搭配的食材，乾菇適合熬湯，提升料理豐富度。值得注意的是，因為乾燥菇類的普林比一般蔬菜稍微多了點，尿酸高、痛風及腎臟患者不宜食用過多。（胡百娟）

紅鳳菜／菠菜

　　攝取足夠礦物質及纖維素，對人體非常重要，雖然肉類含豐富鐵質，但吃肉太多容易造成身體負擔，而超過四成的學童及成年人又有攝取鈣不足的問題，因此，透過含鈣、鐵豐富的蔬菜來補充人體所需的礦物質和纖維素，是不錯的選擇。

　　蔬菜中的紅鳳菜、紅莧菜及芥藍菜含鈣豐富，以 100c.c. 牛奶來說，平均約含有 100 毫克的鈣，100 公克紅鳳菜就有 122 毫克的鈣，紅莧菜及芥藍菜更是分別高達 218 毫克及 181 毫克的鈣，只是牛奶鈣的吸收率較蔬菜高，不過，做為補鈣輔助，蔬菜還是有其價值性。

　　早期人們以為菠菜不能與豆腐一起食用，會造成結石，其實研究證實，菠菜的

草酸與豆腐分解出的草酸與鈣質，會在腸道結合成草酸鈣，但並不會被腸道吸收進入血液，而是會形成糞便排出，不會造成結石。

　　至於鐵，小孩、孕婦及老人特別需要，缺鐵會造成貧血，鐵質更是促成寶寶大腦發育的重要物質，育齡及孕期婦女需要攝取足夠鐵質。

　　菠菜是蔬菜中鐵質含量高的種類，每 100 公克鐵含量 2.8 毫克，此外，100 公克的紅莧菜鐵含量也高達 11.8 毫克，紅鳳菜則有 6.0 毫克，它們都是補充鐵質的優質蔬菜。但蔬菜中的鐵屬於非血基質鐵，吸收率較差，必須同時搭配富含維生素 C 的水果，幫助鐵質吸收。

　　對外食者來說，菠菜是不錯的燙青菜選擇，到港式餐廳用餐，可以點芥藍菜。主婦們不妨多煮紅白莧菜或紅白鳳菜，為家人補充鈣質、鐵質。（張榮素）

醃漬類蔬菜／加工菜

　　當農作物盛產，為了延長食用時間，就會醃漬保存。而「醃漬」則是一種在沒有經過加熱程序，利用糖、鹽、醋或其他調味料來保存食物的方式。

　　醃漬蔬菜的種類，可以展現食物產區與地方風俗的特色，可以單吃，例如臭豆腐搭配台式泡菜；也可以與其他農畜產品一起烹調，增加風味，像梅干扣肉。

　　選擇製作醃漬菜，需要蔬菜本身質地纖維較粗且具有厚實度，例如：芥菜製作成梅乾菜、福菜、酸菜；大白菜、高麗菜可以作台式、韓式泡菜。葉菜類蔬菜或部分較嫩的瓜菜，則較不適合醃漬。

　　近年來，科學家在發酵的醃漬品中，分離出有利於健康的乳酸菌，可以改善腸道菌像，並建議適量食用。但必須注意「鈉」含量過多容易罹患高血壓風險，所以甜、鹹度較高的醃漬品，都要注意攝取量。

　　製作醃漬蔬菜時，需確保過程中沒有沾染到水，只要有鹽度，細菌就無法孳生，無需放防腐劑。有些製造過程會使用自然落菌發酵，但要注意是否被有害菌種汙染。所以，不是以黴菌發酵的醃漬物，只要長黴就丟棄不要吃，以免傷害到肝臟健康。（楊淑惠）

苦瓜

　　苦瓜普遍生長於亞熱帶與熱帶地區，是全年作農作物，從北部至南部以及東部地區均有栽培，是台灣重要的瓜果類蔬菜，它被中醫及多數民眾認為是涼性食物，有著可降火氣、抗發炎、利尿的健康功效。國內有多所學術單位均曾針對苦瓜進行研究，發現苦瓜萃取物中的成份：共軛次亞麻油酸、植醇、葉黃素和三萜類等活性成份，可以活化體內調控細胞脂質與醣類代謝的因子—— PPAR（peroxisome proliferator-activated receptors），改善代謝症候群，進而調節血脂、血糖，降三高，減少腰圍。挑選苦瓜時，宜選表面凸起、顆粒較大且光亮飽滿、沒有病斑；回家後可用白報紙包妥，冷藏於冰箱保鮮室，趁新鮮儘速食用。怕苦者，食用前，可剖半對切，用鐵湯匙將苦瓜籽連同內囊膜刮除乾淨，吃起來口感清脆也比較不苦。需要注意的是，因為苦瓜的鉀含量高，限鉀腎臟病患者不建議食用，或者可以請教營養師，即能吃得安心。（劉怡里）

地瓜葉

　　地瓜葉，又稱甘藷葉，老一輩的人會喊它「豬菜」。早期台灣農村以米飯及地瓜為主食，對於窮苦人家來說，地瓜因為比米飯量多價便宜，經常是餐桌上的主角。人吃地瓜，聰明講究物盡其用的農民，當然不能浪費地瓜的莖和葉，用來養豬剛剛好，豬菜之名便由此而來。地瓜葉熱量低，營養價值高，100 公克的地瓜葉中，含有 3.3 公克的膳食纖維、105 公克的鈣及 2.5 公克的鐵，葉酸有 69.9ug、β 胡蘿蔔則有 3523ug，得以平均滿足每人一日所需的各種維生素、纖維及礦物質，可說是 CP 值非常高的綠色蔬菜。現代人外食普遍，麵店及小吃攤又是首選，因此，外食族不妨常吃地瓜葉，一來補充足夠營養，二來地瓜葉不太需要灑農藥，比較不用擔心因外食店家清洗不徹底，而產生的農藥殘留問題。但營養攝取貴在均衡，千萬別因地瓜葉 CP 值高就餐餐吃，唯有攝取多元蔬果，才能獲得不同營養素，讓身體更健康。（張榮素）

花椰菜／青花菜

　　近年來，養生及抗癌風潮日起，許多蔬果除了含有我們熟知的營養成分外，還含有特定植化素組成，有助人體的健康，這就是近年來花椰菜走紅的主因之一。

　　早期，台灣民眾主要食用白色花椰菜，後因青花椰菜進口，且植化素含量更豐富，也引起一陣風潮。植化素，是存在於植物中的天然化學物質，雖非人體所必需，但攝取植化素具有健康促進的作用。

　　以花椰菜來說，其含有豐富硫代配醣體類的植化素，可因蔬菜的切割與咀嚼等破壞，轉變生成吲哚及異硫氰酸鹽類的物質，具有改變解毒酵素活性、抑制癌細胞生長、對抗自由基以及調節免疫功能等效用，而降低腫瘤的形成。而甲狀腺機能不佳的人千萬別為了促進健康而攝取大量花椰菜，因部分的硫代配醣體的衍生物可干擾甲狀腺素的合成及功能，因此應避免大量食用。（陳玉華）

—— 全 穀 雜 糧 類 ——

甘藷

　　台灣光復後，民生凋敝、物資不豐，比起稻米，甘藷種植容易、產量大，甘藷籤飯便成為三餐主食。傳統的甘藷籤飯是將甘藷削籤後曬乾煮飯，家裡環境好的，白米多、甘藷少，環境普通或差一點的，整碗甘藷籤飯只有下面一層是稀疏白米，其他全是甘藷籤，配點鹹菜、蘿蔔乾，一頓飯就這樣打發了。之所以曬乾甘藷，是因為產量大，為了方便保存食物而採取的手法。曬乾後的甘藷籤，嘗起來少了新鮮甘藷的甜糯軟綿，而是有種苦澀霉味，絕對談不上是美味料理。

　　甘藷營養成分除了蛋白質、脂肪及澱粉外，塊根亦含有豐富的膳食纖維、維生素 A、鉀、鎂及 β - 胡蘿蔔素，其升糖指數（GI 值）約 55，吃下去後血糖波動幅度不大，容易有飽足感，對於糖尿病患者及進行體重控制的人來說，甘藷算是不

錯的主食選擇，建議一週可挑選 3 ～ 5 天，以一顆甘藷為早餐主食，取代原本所吃的米飯、麵包、吐司。

此外，甘藷皮富含植物多酚，具強力抗氧化效果，而薯皮內的黏液蛋白亦能幫助降低血液中膽固醇，因此可以清洗乾淨後連皮一起吃，便能攝取到更完整豐富的營養成分。

一顆甘藷約 200 公克，熱量大約 300 大卡，相當於一碗白飯，烤甘藷由於在高溫烘烤之下導致精緻糖的增加，反而不利於血糖的控制，因此想要藉由甘藷養生的消費者，建議選擇蒸熟或水煮方式，並且不宜一天吃過多甘藷，以避免體內過多糖份累積，增加額外代謝負擔。（李信昌）

紅藜

紅藜，又稱台灣藜，是原住民種植超過百年歷史的傳統作物，因其營養價值高，躍升成為養生搶手食材，有著「穀類紅寶石」的美稱。

以原住民族的種植習慣來看，紅藜向來就不是主角。它有種味道，常被當作天然驅鳥驅蟲作物。它花穗美麗，用來做成花環、頭飾與裝飾品再適合不過。它是釀製小米酒的酒麴原料。因為紅藜耐乾旱、適合惡劣環境，在台灣面臨嚴重旱災欠收時，更成為重要的救命糧食。

紅藜屬於一種穀物，除了澱粉外，更含有優質蛋白質，提供人體無法自行合成的必需胺基酸。例如多數穀類都缺乏的離胺酸，在紅藜中含量豐富，離胺酸可以幫助鈣質吸收，促進膠原蛋白合成，幫助抗體、荷爾蒙及酵素的製造，在日常白米飯中添加紅藜，可以彌補離胺酸吸收的不足。

紅藜富含膳食纖維，能幫助排便、預防便祕，又可以調節血糖，患有高膽固醇及血糖過高的患者，可適量補充。此外，根據研究，紅藜抗氧化功效好，對於預防大腸癌極有潛力。直接吃紅藜會有點苦味及藥味，因此，大多會搭配其他穀物，例如：白米、小米或芋頭一起食用，添加比例則可依照個人喜好而定，但是紅藜鉀含量高，腎臟功能不佳的人要少吃。（施純光）

山藥／紫山藥

　　山藥，薯蕷科屬年蔓性根莖類植物，早期台灣種
植少，多為日本進口，因此價格偏高，一般人比較少食用。後
因養生風潮盛行，台灣農民便引進山藥栽種，這才逐漸廣泛食用。

　　從每日飲食指南的食物分類來看，山藥屬於全穀雜糧類，依照品種，常見有白
山藥及紫山藥。以營養成分來說，兩種山藥差距不大，但從彩虹飲食「紅、澄黃、
綠、紫黑、白」來看，「紫黑色」食物富含抗氧化力極高的花青素，飲食中鮮少
攝取，因此餐食中將部分白飯以紫山藥取代，可攝取更豐富的營養價值。

　　從食用禁忌來看，山藥非蔬菜類，糖尿病患需特別留意醣類份量的代換。山藥
的鉀含量較高，腎臟功能不好的人也要特別注意攝取量。此外，紫山藥不可生食，
建議燙熟後磨泥做成料理食用。山藥也不要與制酸性藥物例如胃乳、胃藥一起食
用，因為鹼性會破壞山藥澱粉酶，進而降低食用功效。（馬千雅）

黑米／紫米

　　黑米又稱紫米，惟依照「黏性」及「糯性」又區分為黑米和黑糯米，前者為不
具糯性的「黑糙米」、後者為具糯性的「黑糯糙米」，這兩種米皆為帶有米
糠層的糙米，除原本與糙米相同，相較於白米含有較高的
鈣、鉀、鎂、磷、鐵、維生素 B1、膳食纖維外，其米
糠層還含有較多抗氧化物——花青素，造就出紫
黑色或紫色的色澤。

　　黑米擁有諸多益處，但在食用上還是有些需
注意的地方，例如：需適量，過量會造成
熱量攝取過多導致肥胖。限制鉀、磷等礦

物質攝取的腎臟病患者，建議避免或減少黑米攝取。黑米為糙米，屬於低GI食物，以黑米取代白米對於血糖控制有益。但「黑糯糙米」因支鏈澱粉含量高，其GI值反而較高，易造成血糖上升速度較快，有血糖控制問題的人需注意選購。

　　選購市售黑米（紫米）時，除了商品名外，更需注意成分的品名標示為「黑糙米」或是「黑糯糙米」，才能依照自己的需求選到「對的米」！（陳奕賓）

薏仁

　　薏仁又稱為薏苡仁、薏米，為一年生禾本科草本植物，在台灣飲食文化中，薏仁最早出現於原住民飲食，將它搗碎煮成粥作為食用或藥用。此外，布農族人將其加工為項鍊及首飾，而賽夏族人則將其編入傳統樂器：臀鈴。

　　根據《本草綱目》記載，薏仁為不具毒性的上品藥，根據中醫典籍記載，具有健脾、益肺、清熱、利濕等生理作用。薏仁亦為衛福部公告為藥食兼用的食材，具有豐富的營養價值，含有碳水化合物、蛋白質、脂肪、維生素B1、胺基酸、薏仁素及薏仁酯等營養素。於現代科學的研究發現，薏仁對於人體具有許多生理功效，如：調節血脂、調節血糖、調節免疫力、改善腸道菌相、內分泌調節等功能。

　　薏仁性寒，有些飲食禁忌，例如：虛寒體質的女性及孕婦不宜多食。目前食品中若含有薏仁成分，大多會加註「孕婦請謹慎食用」警語。而針對血脂、血糖及過敏的族群，多食薏仁則可以發揮其相關生理功效。（夏詩閔）

糙米

　　相較於精緻穀類，全穀類（包括糙米、胚芽米、全麥、燕麥、蕎麥、薏仁等）加工程度較低，保留許多微量營養素及膳食纖維。其中又以糙米品質最優良，因其澱粉顆粒較細，容易吸收消化，外層麩皮含有更多維生素 B 群和 E、膳食纖維和礦物質（如鎂、磷），促進消化代謝，可防止老化，在全球食品營養界公認的飲食指南及國內飲食指南中，都主張以全穀類為主食。

　　正因糙米營養含量豐富，微生物易繁殖，所以不耐久存，因此選擇市售糙米時，建議選用真空型態包裝保存為佳，煮食時應煮軟，才不會讓人消化不良。

　　除了糙米之外，糙米油（也就是玄米油）也是不錯的選擇。糙米油單元不飽和

脂肪酸高，含有擁有豐富的米糠醇（γ-Oryzanol），是抗氧化物，也有降低膽固醇的功能，常見於日本健康食品中。以白老鼠為實驗對象，分別以米蛋白和酪蛋白餵食膽固醇高的白老鼠，結果發現，米蛋白較酪蛋白更可降低膽固醇。糙米油也含有「生育三烯酚」（Tocotrienol，簡稱 T3），屬於維生素 E 家族，抗氧化能力最強，還有豐富的脂溶性維生素與植物固醇，亦是食用油的優質選擇之一。（鄭心嫻）

燕麥

　　近年來，健康養生、運動健身概念興起，許多風行於歐美的養生食材，逐漸被台灣人接受，而燕麥，就是其中之一。

　　燕麥富含膳食纖維、蛋白質、維生素 B 群及礦物質，除了是人體大腦所需碳水化合物的優質來源外，相較於其他穀物類，更含有豐富的 β-葡聚醣，每日攝取 60 公克燕麥（等於 3/4 碗飯熱量），含 5.1 公克膳食纖維，有助於降低總膽固醇，幫助減少低密度脂蛋白膽固醇（LDL，俗稱壞膽固醇），對於中壯年或中老年人，是不錯的主食選擇。

　　對於想降低膽固醇、完整攝取 β-葡聚醣的人來說，燕麥最佳吃法是加在熱牛奶或熱豆漿中，並攪拌成黏糊狀，愈濃稠就代表 β-葡聚醣溶出效果愈好。若只是泡在冰牛奶或拌入優格食用，未成黏糊狀，會無法溶出 β-葡聚醣，但仍能攝取優質膳食纖維或多樣營養素，對於正在進行體重控制或想腸道順暢的族群來說，也有助益。

　　將燕麥融入日常生活很簡單，試試將餐桌上的白米飯換成燕麥飯，或用 30 公克生燕麥，加入一份牛奶 240c.c. 或豆漿 190c.c.，微波爐加熱 30 秒，就是健康均衡充滿飽足感的一餐。而喜歡嚼勁的人，建議撒上一湯匙綜合堅果，或改用燕麥搭配優格及新鮮水果，亦不失為一種自帶甜味兼具口感饗宴的方式。（陳芊穎）

── 豆 魚 蛋 肉 類 ──

蛋類

　　台灣早期農家大多會飼養雞鴨，作為補充蛋白質的來源，自由放養的方式，讓雞鴨產下的蛋風味十足，好吃又營養。

　　蛋烹調變化多端，從早餐的荷包蛋、蛋沙拉，蛋糕中使用的卡士達醬、蛋白霜，生病來碗清粥配鹹蛋，到宜蘭地熱公園煮蛋，或端午節節慶立蛋，樣樣都有蛋的足跡。

　　從營養價值來看，雞蛋的蛋白質淨利用率高，人體好吸收，屬於優良蛋白質之一。一份 55 公克的全蛋，熱量約 75 大卡，蛋白質 7 公克，脂肪約 5 公克，同時富含維生素 B2、B12，較高的維生素 A、E，及礦物質鐵、鋅，而蛋黃富含卵磷脂和膽固醇，這些都是合成細胞所需要，尤其是神經細胞，缺一不可，雞蛋可以提供新生命所有需要的養分，算是 CP 值高的蛋白質來源。

　　由於蛋殼常因糞便染有沙門氏症，因此建議先清洗，煮熟後食用。並且避免吃生雞蛋，因為蛋白中的抗生物素，會影響人體吸收生物素，研究中多吃生蛋白的動物，生長會受阻礙。（鄭俏琪）

豆類製品

　　黃豆是上天賜予我們的禮物，富含各種人體所需營養素。以 100 公克黃豆來說，含 35 公克蛋白質，相當於 5 顆雞蛋的蛋白質含量，6.5 毫克鐵質，更是相當於 340 公克牛肉的鐵質含量。

　　此外，一般植物中所含的鐵，容易受植酸、纖維等干擾，影響吸收率。黃豆中的鐵形式結構，與動物來源的血基質鐵相似，完整包覆在特殊蛋白結構中，較不會受到其他物質影響，吸收率與血基質鐵相當，對缺鐵性貧血的人來說是一大福音，既可補充鐵質，又可以攝取到超級抗氧化物質大豆異黃酮，而且大豆蛋白還有調節血膽固醇和三酸甘油酯的功效，一舉數得，如果要補充鐵質，比起吃紅肉，吃黃豆對健康效益可說有過之而無不及。

　　豆製品適合各族群食用，但黃豆含豐富的纖維及寡糖，對於腸胃敏感的人來說，容易因腸道細菌在代謝寡糖過程中釋放氣體，而造成腹脹不適，建議將豆子泡水發芽後再烹煮食用，或是與含有酵素可以分解豆類寡糖的昆布一起煮，降低脹氣產生。（李佩芬）

虱目魚

　　根據台灣通史記載，台南沿海以蓄魚為業，其魚為麻薩末，番語也。如果再往前追朔，早在荷蘭人佔領台灣期間，虱目魚是由印尼引進台灣，並在台南安平地區進行大量養殖，故現今，虱目魚已成為台南特產魚。

　　虱目魚又稱牛奶魚，含有豐富蛋白質及完整胺基酸，容易被人體吸收，是良好的蛋白質來源，胺基酸中以組胺酸及牛磺酸含量較多，具有免疫力調節及抗氧化的功能。虱目魚的脂肪含有豐富 EPA 及 DHA，膽固醇含量卻較低。煮熟的虱目魚頭有一層膠質黏附，稱為脂臉，成分多為膠原蛋白，有養顏美容的效果。魚皮上含豐富維生素 A 及 B1。虱目魚還含有天然的血管收縮素轉換酶抑制劑，對血壓具有調控作用。（葉秋莉）

豬肉

早期農村社會，人們最主要的蛋白質來源，莫過於豬肉、雞肉及雞蛋。這其中，又以北部或中部將肉切碎後滷的滷肉飯或南部大塊三層肉滷製而成的爌（焢）肉飯，最受終日勞動的農工朋友們歡迎。

在傳統觀念中，「有飯有肉」才吃得飽，一碗滷肉飯捧在手上，或坐或站、不限場地，方便快速就能吃飽一餐，立即投入接下來的工作，說滷肉飯是台灣經典的庶民小吃實不為過。

豬肉屬於紅肉，除了是優質蛋白質來源，更含豐富鐵質、維生素 B 群，尤其是B1、B2 及菸鹼酸，能幫助修復身體組織、加強免疫力、保護器官，營養價值高。只是滷肉飯通常使用瘦肥參半的豬肉製成，脂肪及膽固醇高，吃多容易提高肥胖、高血壓及冠心病的發生機率，須注意適量攝取。

瘦肥參半的豬肉料理方式，為的是增加口感，使豬肉入口軟爛。其實，在料理時加幾片鳳梨一起煮，利用鳳梨酵素軟化肉質，就可輕鬆享用好吃又不油膩的豬肉料理。（陳怡君）

吳郭魚／台灣鯛

　　早期台灣社會生活不富裕，想吃肉不容易，更何況魚。當時吳郭魚隨便養隨便大，價格又不貴，一般人都買得起，成為人們重要的動物蛋白質攝取來源。

　　正因吳郭魚適應力強、屬於雜食性，早期農村多採農漁牧綜合方式，常放養在水田或魚塭，造成吳郭魚土味重，以及「吃豬糞及雞鴨糞」的負面印象，不受消費者歡迎。所幸，隨著科技及養殖技術進步，水試所及民間單位成功開發出新品種，稱為「台灣鯛」，並成功出口至歐美日各國，創造了極大的經濟效益。

　　基本上，魚類含有人體所需的必需脂肪酸及必需胺基酸，是優質蛋白質來源，對於牙口不好的老年人來說，魚肉口感細軟、容易入口，非常適合食用。

　　而傳統吳郭魚及改良後的台灣鯛，營養價值差異不大，唯台灣鯛肉色更紅，營養素多了蝦紅素，有抗氧化的好處，但因屬於高普林含量食物，高尿酸與痛風患者不可多食。此外，無論是吳郭魚或台灣鯛，多採人工淡水養殖，較容易受到環境汙染而有寄生蟲或細菌等問題，建議煮熟後食用，避免生吃。（趙振瑞）

—— 乳 品 類 ——

牛奶

　　相較於西方國家，台灣喝牛奶的歷史並不悠久，主要是因為早期台灣農村以耕牛為主，奶牛數量少，酪農業也不發達。自從引進西方營養概念，了解鮮奶對補充鈣質的重要及好處之後，台灣喝鮮奶的風氣才日漸興起。

　　鮮奶營養成分以蛋白質、脂質、糖類、礦物質，以及少量維生素和酵素為主，其中又以優質蛋白質及豐富的礦物質鈣，營養價值最高。每 240 毫升的牛奶約含 276 毫克的鈣，每天補充 1～2 杯、每杯約 240 毫升的牛奶，就能滿足一天所需要鈣質的一半，其他所需的鈣質則可自蔬菜及全穀雜糧類補充。

　　因為科技製程的進步，牛奶也呈現不同的樣貌與種類，無論是鮮奶、保久乳、

奶粉，鈣質含量並無大差異。此外，有人怕胖會選擇脫脂或低脂牛奶，但其實牛奶乳脂含量不高，即使飲用全脂牛奶，也不至於造成身體負擔。

　　至於有乳糖不耐症的人來說，喝牛奶會造成腸胃不適，這是因為沒有喝牛奶的習慣，造成消化系統缺乏水解乳糖所必需的乳糖酶，一旦每日少量攝取、逐漸養成習慣之後，便會促進腸道乳糖酶的分泌，進而提高乳糖耐受程度。（謝榮鴻）

原味優格

　　所謂的優格（優酪乳），其概念皆從牛奶延伸而來，也就是牛奶加上益生菌，益生菌利用牛奶中的乳糖當做營養成分，經過發酵後，形成帶有酸酸口味的優格（或優酪乳）。而歷經這趟旅程，牛奶中的乳糖被代謝掉，有乳糖不耐症、喝牛奶會拉肚子的人，吃優格、喝優酪乳照樣可以吸收優質鈣質與蛋白質，好處多多。

　　從補充鈣質及蛋白質的概念來看，同樣一份牛奶或優格（優酪乳）營養成分差別不大，優格（優酪乳）卻多了益生菌，有助於維持腸道菌相平衡，乍聽之下似乎優格（優酪乳）是較好的選擇。可是，為了緩和優格（優酪乳）酸酸的口感，製作過程中會加入額外的糖，對於想控制體重或者血糖偏高的人來說，反而需要特別小心糖分的攝取量。無論是牛奶、起司、優酪乳或優格，都是極佳的鈣質補充來源，但千萬不要依賴同一種來源，飲食貴在均衡，唯有平均攝取才能獲得健康。（謝榮鴻）

—— 油脂與堅果種子類 ——

苦茶油／橄欖油

苦茶油，是台灣特有的傳統食用植物油，由於栽種不易，價格昂貴，多用於養生或坐月子期間使用的油品。苦茶油溫和不燥，可以顧胃，對於不適合使用麻油坐月子的產婦來說非常合適，長輩們也很愛用苦茶油做料理，例如苦茶油麵線、苦茶油雞、苦茶油飯等。

此外，苦茶油含有豐富抗氧化成分，例如：維生素 E、三萜類化合物角鯊烯、木酚素、固醇類及黃酮類化合物，以及約 75%～ 80% 的單元不飽和脂肪酸（油酸），脂肪酸組成與橄欖油相近。

　　近年來，國人健康養生觀念盛行，許多家庭食用油均以橄欖油為首選。許多研究顯示，苦茶油與橄欖油都具有修復胃黏膜、促進傷口癒合、調節血脂、調節血糖、護肝及抗腫瘤等功用，苦茶油的發煙點甚至比橄欖油高，亦適合做為烹調食用油。目前，台灣食用橄欖油多為進口且有產季限制，苦茶油則是國產製造，同為健康好油，從支持本土農業的角度來看，建議讀者不妨嘗試食用苦茶油，也是不錯的選擇。（邱琬淳）

亞麻仁油

　　亞麻仁油是從亞麻種子提取出的油品。大多數植物種子產出的油，都屬於Omega 6 系列，也就是含亞麻油酸較多。但亞麻仁油卻有一個特別成分，就是人類需要的必需脂肪酸（ALA，次亞麻油酸），也就是和亞麻油相對，且多一個脂肪雙鍵位置的 Omega 6 系列的脂肪酸。

　　十八碳的 Omega 6 和 Omega 3 系列脂肪酸，都是人們的必需脂肪酸，由於人體無法自行合成，所以需要從飲食中獲取。但現代人生活環境、飲食習慣的改變，體內 Omega 6 脂肪酸就會特別多。人們在 Omega 6 的攝取量倍增，Omega 3 太少，體內必需脂肪酸失去平衡，可能伴隨而來的就是疾病。

　　一般來說，Omega 3 脂肪酸多見於魚類身上，因此食用富含 Omega 3 的魚類，是葷食者最直接有效的補充方法。而對素食者或者日常飲食中很少吃海鮮的人，則可選擇亞麻仁油。亞麻仁油不耐高溫，不宜拿來炒菜；而且油脂是熱量的來源，也不建議用「喝」的，最佳的食用方法是用於涼拌或製作沙拉。（黃士懿）

麻油／胡麻油

　　芝麻可分為黑芝麻與白芝麻。芝麻籽經過焙炒壓榨（或萃取），所得的油脂就是麻油。經由黑芝麻產出的芝麻油，稱為黑麻油，或是胡麻油。而白芝麻產出的油脂，則為白芝麻油。

　　麻油含有豐富且對人體有益的不飽和脂肪酸，如亞麻油酸、棕櫚酸、油酸等。焙炒過後以壓榨方式生產的胡麻油，因其獨特的芝麻風味，在烹調上獲得大家喜愛。

　　一般說來，焙炒的溫度愈高，芝麻的味道愈濃郁，「高溫壓榨」的胡麻油有食補的功效，做成如麻油雞湯，麻油腰花等，用來滋補產婦女的營養。「低溫壓榨」的胡麻油，則是以蒸煮的方式處理焙炒後的芝麻再壓榨，味道較為清香無苦味。

　　因麻油、胡麻油皆屬於風味濃厚的油脂，烹調時並不適合長時間油炸，高溫會產生苦味。低溫調味、煮好的湯加入麻油或胡麻油調味，或是用來煮湯較為適當。（林士祥）

綜合堅果

　　大約 20 年前開始，很多流行病學的研究資料顯示，如心血管疾病等很多病症，在地中海國家及地區的發生率相對比較低，原因是當地飲食中除了蔬菜和水果，人們還經常食用堅果。

　　堅果的維生素 E 是所有食物單位體積中含量最多的，在沙拉中放一些杏仁片，不僅會讓人覺得好吃，又能提供如飽和及不飽和脂肪酸、多元不飽和脂肪酸等營養成分，有益健康。

　　最佳享用堅果類的原則是，選擇未加工的堅果，並且控制數量。以未加工過的腰果、杏仁果為例，一天大概吃 7 ～ 10 顆。此外，可將新鮮的堅果用刀拍打成碎粒狀，放進米飯或燕麥粥內，搭配幾顆葡萄乾、莓果類，味道不錯，也是健康用餐的好方法。（黃士懿）

沙拉油

　　1966 年，台灣開放大豆進口，也引進美國最新萃取提油技術與設備，開啟了台灣人使用大豆沙拉油的歷史。

　　進口大豆便宜、取得容易，現代化的製煉技術，使得沙拉油成為方便又平價的油品，逐漸占據了廚房中的油品地位，成為最普遍的國民用油。

　　從健康角度來看，沙拉油與花生油、麻油同屬植物油，含有較豐富的多元不飽和脂肪酸，有降低血膽固醇的功效。比起富含飽和脂肪酸的豬油，容易阻塞血管、造成心血管疾病，沙拉油顯然是較健康的選擇。但，沙拉油有助降低總膽固醇，同時也會降低高密度脂蛋白膽固醇，其代謝後的產物，又容易引起身體發炎反應，造成血栓形成。此外，沙拉油溫度太高或反覆使用，會產生不穩定的過氧化物質，在身體形成自由基，容易有致病風險。（葉松鈴）

北 醫 營 養 團 隊 簡 介

吳映蓉
臺灣大學生化科技研究所博士
臺北醫學大學保健營養系學士
現職：臺灣營養基金會執行長、臺北醫學大學保健營養系兼任助理教授

吳得束
臺北醫學大學保健營養系碩士
現職：宜蘭縣羅東博愛醫院營養科臨床營養師兼任組長

李佩芬
臺北醫學大學保健營養研究所碩士
實踐大學食品營養與保健生技學系學士
現職：臺北醫學大學附設醫院體重管理中心營養師

李信昌
臺灣大學農業化學研究所博士
臺北醫學院保健營養學系學士
現職：臺北醫學大學保健營養學系副教授

林士祥
美國密蘇里大學食品營養學系博士
中興大學食品科學系學士
現職：臺北醫學大學保健營養學系教授暨食品安全碩士學位學程主任

邱琬淳
臺北醫學大學藥學研究所食品化學組博士
臺北醫學院保健營養學系學士
現職：臺北醫學大學保健營養學系副教授

胡百娟
臺北醫學大學保健營養學系
現職：聖保生物科技股份有限公司營養師、臺灣健康營養教育推廣協會理事

胡雪萍
美國內布拉斯加州立大學博士
現職：臺北醫學大學保健營養學系退休教授

施純光
臺灣大學食品科技研究所博士
臺北醫學大學保健營養學系學士
現職：臺北醫學大學保健營養學系副教授

馬千雅
臺北醫學大學保健營養學系碩士
現職：佳音營養諮詢中心

夏詩閔
臺灣大學食品科技所博士
臺北醫學大學保健營養學系學士
現職：臺北醫學大學保健營養學系教授

張榮素
英國倫敦大學學院感染疾病與國際健康研究中心博士
英國格拉斯哥大學人類營養學系主修臨床營養碩士
現職：臺北醫學大學保健營養學系教授

陳玉華
美國加州大學柏克萊分校營養科學博士
臺北醫學大學保健營養學系學士
現職：臺北醫學大學食品安全學系教授兼系主任、臺北醫學大學保健營養學系教授

陳芊穎
臺灣大學公共衛生學院流行病學與預防醫學研究所博士候選人
臺北醫學大學公共衛生學院保健營養學系學士
現職：上上芊食尚顧問執行長

陳怡君
臺灣大學衛生行政與管理研究所 博士
臺北醫學院保健營養學系 學士
現職：臺北醫學大學保健營養學系副教授

陳奕賓
臺北醫學大學保健營養學系學士
現職：振興醫療財團法人振興醫院營養師

黃士懿
美國羅德島大學食品營養學系博士
臺北醫學院保健營養學系學士
現職：臺北醫學大學保健營養學系教授、臺北醫學大學代謝與肥胖科學研究所教授兼所長

黃明明
臺北醫學大學保健營養系碩士
現職：北市健康國小營養師

舒宜芳
輔仁大學食品營養研究所碩士
臺北醫學大學保健營養學系學士
現職：臺北榮總營養師

葉秋莉
臺北醫學大學藥學系食品化學組博士
臺北醫學院保健營養學系學士
現職：臺北醫學大學保健營養學系教授

楊素卿
日本國立東北大學食糧化學科博士
臺北醫學院保健營養學系學士
現職：臺北醫學大學保健營養學系教授、營養學院副
院長暨高齡營養研究中心主任

楊淑惠
臺北醫學大學藥研所食化組博士
臺北醫學大學保健營養學系學士
現職：臺北醫學大學保健營養學系教授

葉松鈴
臺灣大學醫學院生化學研究所博士
現職：臺北醫學大學名譽教授、臺北醫學大學保健營
養系兼任教授

趙振瑞
美國俄亥俄州立大學人體營養與食品管理學系博士
臺北醫學院保健營養學系學士
現職：臺北醫學大學營養學院院長、保健營養學系教
授、臺灣營養學會秘書長、中華民國肥胖研究學會常
務理事、亞太腫瘤暨慢性病營養學會監事

劉怡里
臺北醫學大學保健營養學系碩士班
現職：基督復臨安息日會醫療財團法人臺安醫院體重
管理中心營養師組長

劉珍芳
臺灣大學農業化學所生化營養組博士
現職：長庚科技大學保健營養系教授兼系主任

蔡玉鈴
靜宜大學食品營養研究所營養與保健組博士
臺北醫學大學保健營養學系學士
現職：弘光科技大學營養系兼任助理教授

鄭心嫻
臺灣大學食品科學研究所博士
中興大學食品科學系學士
現職：臺北醫學大學名譽教授

鄭佾琪
臺北醫學大學保健營養學系碩士
臺北醫學大學保健營養學系學士
現職：臺北醫學大學附設醫院體重管理中心營養師

謝明哲
臺灣大學農業化學研究所生化營養組博士
現職：臺北醫學大學名譽教授

謝榮鴻
陽明大學生物化學研究所博士
臺北醫學院保健營養系學士
現職：臺北醫學大學營養學院副院長暨保健營養學系
教授兼主任、營養醫學研究中心主任

簡怡雯
美國伯明罕阿拉巴馬州立大學營養科學博士
臺北醫學大學保健營養學系學士
現職：臺北醫學大學保健營養學系副教授、合聘代謝
與肥胖科學研究所副教授

魏賓慧
臺北醫學院藥學研究所食品化學組畢業
臺北醫學院保健營養學系學士
現職：萬芳醫院營養室主任

蘇秀悅
中國文化大學家政研究所食品營養組碩士
臺北醫學大學保健營養系學士
現職：臺北醫學大學附設醫院營養室主任

蘭淑貞
美國普渡大學營養學博士
國立師範大學家政教育學士
現職：臺北醫學大學保健營養學系副教授
(以姓氏筆劃排列)

醫學人文　BMP014A

我的餐盤
北醫營養權威量身打造

作　　　者／臺北醫學大學保健營養學系團隊
客座總編輯／林建煌
專案總策畫／趙振瑞
專案執行策畫／謝榮鴻
主　　編／李桂芬
採訪整理／夏凡玉、邱淑宜
責任編輯／羅德禎、翁瑞祐（特約）
封面設計／張議文
內頁設計／何仙玲（特約）
攝　　　影／林衍億

食譜示範：
黃湘、李采臻、周宜姍、宋庭瑄
示範協力：
陳璵帆、林珊、顏均穎、楊亞謹

出 版 者／遠見天下文化出版股份有限公司
創 辦 人／高希均、王力行
遠見·天下文化 事業群榮譽董事長／高希均
遠見·天下文化 事業群董事長／王力行
天下文化社長／林天來
國際事務開發部兼版權中心總監／潘欣
法律顧問／理律法律事務所陳長文律師
著作權顧問／魏啟翔律師
社　　　址／台北市104松江路93巷1號2樓
讀者服務專線／（02）2662-0012
傳　　　真／（02）2662-0007；2662-0009
電子信箱／cwpc@cwgc.com.tw
直接劃撥帳號／1326703-6號遠見天下文化出版股份有限公司

製 版 廠／東豪印刷事業有限公司
印 刷 廠／中原造像股份有限公司
裝 訂 廠／中原造像股份有限公司
總 經 銷／大和書報圖書股份有限公司
電　　　話／（02）8990-2588
出版日期／2019年5月31日第一版
　　　　　2023年10月5日第二版第1次印行
定　　　價／新台幣500元
Ｉ Ｓ Ｂ Ｎ／4713510943991（平裝）
書　　　號／BMP014A
天下文化官網／bookzone.cwgv.com.tw

國家圖書館出版品預行編目(CIP)資料

我的餐盤：北醫營養權威量身打造／臺北醫學
大學保健營養學系團隊作 . -- 第一版 . -- 臺北
市：遠見天下文化, 2019.05
　　面；　公分
ISBN 978-986-479-693-9(平裝)
1. 食譜 2. 健康飲食
427.1　　　　　　　　　　108007832